普 通 高 等 教 育 规 划 教 材

工程实习训练教程

李志永　　张忠诚　魏胜辉　主编

兵器工业出版社

内 容 简 介

　　本书是依据教育部高教司机械制造基础课程教学指导分委员会（工程材料及机械制造基础课程教学指导组）2009 年 7 月提出的普通高等学校《工程材料及机械制造基础系列课程教学基本要求》和《工程训练中心建设基本要求》，参考 1997 年颁布的《重点高等工科院校金工系列课程改革指南》，并结合近年来有关高校金工实习改革的经验和实践编写的。全书共分十四章，包括金属材料及钢的热处理、铸造、锻压、焊接、切削加工基础知识、车削、铣削、刨削、磨削、钳工、数控机床加工、特种加工、电子电工和 3D 打印内容。每章后附有复习思考题。

　　本书既可作为高等院校各学科、各专业学生的制造工程领域的综合实习与训练教材，也可作为有关工程技术人员和工业企业管理干部的学习参考书。

图书在版编目（CIP）数据

　　工程实习训练教程 / 李志永，张忠诚，魏胜辉主编
. -- 北京：兵器工业出版社，2018.6
　　ISBN 978-7-5181-0419-2

　　Ⅰ．①工… Ⅱ．①李… ②张… ③魏… Ⅲ．①机械制造工艺－高等学校－教材 Ⅳ．①TH16

　　中国版本图书馆CIP数据核字(2018)第129671号

出版发行：兵器工业出版社	责任编辑：陈红梅　杨俊晓
发行电话：010-68962596，68962591	封面设计：理想设计
邮　　编：100089	责任校对：郭　芳
社　　址：北京市海淀区车道沟 10 号	责任印制：王京华
经　　销：各地新华书店	开　　本：787×1092　1/16
印　　刷：北京市兴怀印刷厂	印　　张：11.75
版　　次：2018 年 6 月第 1 版第 1 次印刷	字　　数：300 千字
印　　数：1—10000	定　　价：23.50 元

前　　言

本书是为了配合大学生参加工程实践训练而编写的。它是依据教育部高教司机械制造基础课程教学指导分委员会（工程材料及机械制造基础课程教学指导组）2009 年 7 月提出的普通高等学校《工程材料及机械制造基础系列课程教学基本要求》和《工程训练中心建设基本要求》，参考 1997 年颁布的《重点高等工科院校金工系列课程改革指南》；吸收新型的工程实践教学理念，即以学生为主体，教师为主导，实验技术人员和实习指导人员为主力，理工与人文社会学科相贯通，知识、素质、能力协调发展，着重培养学生的工程实践能力、综合素质和创新精神；结合工程训练中心建设和实习教学的具体情况，对传统金工实习教材的内容进行了全面更新升级。

本书强调科学性、先进性、系统性和实用性的有机结合，具有如下特色：

1. 精练传统，加强先进，针对性强。本书对传统金工实习教材内容进行了精选整合，并增加了 3D 打印等先进成形技术。

2. 内容生动，编写规范。全书内容科学准确，图文并茂，语言流畅、逻辑性强。在每章后附有复习思考题。

3. 采用了最新国家或行业标准。

参加本书编写的有：李志永（第一、二章），魏胜辉（第三、九章），王会霞（第四章），李军霞（第五、十三章），么春霞（第六章），张忠诚（第七、八章），张双杰（第十章），周增宾（第十一章），李志乔（第十二章），王勇（第十四章）。本书吸收了相关实习指导人员的宝贵建议，并参考了有关文献资料，在此一并表示感谢。

限于编者水平，书中难免有疏漏和不妥之处，敬请读者批评指正。

编　者

2018 年 5 月于河北科技大学

目　　录

第一章　金属材料及钢的热处理

金属材料来源丰富，生产工艺较简单且成熟，某些性能明显优于其它材料，还能通过热处理改变其内部组织和性能，延长使用寿命，从而成为制造各类机械零件（如机床床身、支架、底座、箱体、主轴、齿轮、弹簧、螺钉、车刀、铣刀、钻头、丝锥、量规等）的常用材料。

金属材料的使用性能是指金属材料制成零件或构件后，为保证正常工作以及一定的使用寿命而应具备的性能，包括力学性能、物理性能和化学性能等。

金属材料的力学性能是指其在外力作用下所表现出来的性能，反映了材料抵抗外力作用的能力。金属材料抵抗外力作用的能力大小，常用其力学性能指标来衡量。力学性能指标是通过特定的力学试验测得的，是衡量材料优劣和选择材料的重要依据。常用的力学性能指标有强度（如抗拉强度 R_m、上屈服强度 R_{eH}、下屈服强度 R_{eL}）、硬度（如布氏硬度 HBS、洛氏硬度 HRC）、塑性（如断面收缩率 Z、断后伸长率 A）和韧性（如冲击吸收能量 K）等。

金属材料的物理性能包括密度、熔点、导热性、导电性、热膨胀性等。金属材料的化学性能包括耐蚀性、抗氧化性等。某些特殊环境下工作的零件或构件，除要求满足力学性能外，还要求具有较高的某一项或几项物理性能或化学性能。

金属材料的工艺性能是指金属材料在实施具体加工工艺方法的适应能力，是材料物理性能、化学性能和力学性能的综合。按工艺方法的不同，可分为铸造性能、锻造性能、焊接性能和切削加工性能等。工艺性能直接影响零件的加工成本、加工质量和生产率，是零件和构件选材以及制订加工工艺时应考虑的重要因素之一。

第一节　常用钢材

一、钢材的供货形状

金属材料销售部门出售的钢材，通常由轧钢厂提供货源。钢材常见的供货形状有型钢（包括圆钢、方钢、扁钢、六角钢、八角钢、工字钢、槽钢、角钢）、钢板（包括厚度 ≤4mm 的薄钢板、厚度为 5~20mm 的中板及厚度>20mm 的厚钢板）、钢管（包括无缝钢管和焊接钢管）和线材，它们都有特定的规格（截面积及长度尺寸系列）。

制造机械设备时，合理选择材料的形状和规格，可以简化制造工艺，节省材料，降低制造成本。

二、钢材的分类

根据化学成分的不同，通常将钢材分为碳钢和合金钢两大类。

含碳量在 0.02%~2.11% 之间的铁碳合金称为碳素钢，简称碳钢。常用碳钢的含碳量为 0.08%~1.2%。按含碳量的不同，碳钢可分为低碳钢（w_C<0.30%）、中碳钢（w_C=0.30%~0.60%）和高碳钢（w_C>0.60%）。随含碳量增高，碳钢的强度、硬度升高，塑性、韧性降低。

如果在碳钢成分的基础上加入一定量的合金元素，如锰（>0.8%）、硅（>0.4%）、铬（Cr）、镍（Ni）、钼（Mo）、钨（W）等，就可熔炼成合金钢。由于合金元素在钢中发挥作用，使钢具有更高的强度、硬度、塑性和韧性，有的合金钢还具有较高的耐磨性、耐热性、耐蚀性等特殊性能。

三、常用碳钢

根据用途和冶金质量的不同，常将碳钢分为碳素结构钢、优质碳素结构钢和碳素工具钢三大类。

1. 碳素结构钢

一般碳素结构钢的含碳量<0.3%，性能特点是塑性、韧性较高，强度、硬度较低。典型牌号是 Q235A（Q 是屈服强度中"屈"字的汉语拼音字头；其后面的数字为钢的屈服强度数值，单位为 MPa；最后的字母为冶金质量等级，A 级为普通级），主要供货形状有型钢、热轧钢板、钢管和线材，用于建筑用材及制造不重要的机械零件（如螺钉、小轴、拉杆等）。

2. 优质碳素结构钢

优质碳素结构钢的牌号用两位数字标出，表示其平均含碳量的万分之几。如 45 钢，其平均含碳量为 0.45%。

08、10、15、20、25 钢属低碳钢，强度、硬度较低，塑性、韧性较高，具有良好的冷变形能力和焊接性能，常用来制造冲压件、焊接件。当这类钢配以渗碳+淬火+低温回火热处理时，可获得表面硬而中心韧的性能，用于制造既要求耐磨又要求耐冲击的零件，如活塞销、齿轮等。

30、35、40、45、50、55、60 钢属中碳钢，配以调质热处理后，可获得优良的综合力学性能。其中，以 45 钢应用最为广泛，常用于制造轴、连杆、丝杠、齿轮等受力复杂的零件。

65、70、75、80、85 钢属高碳钢，进行淬火+中温回火热处理后，可获得较高的强度和弹性，主要用于制造弹簧、轧辊、钢丝绳等。

3. 碳素工具钢

碳素工具钢的牌号首应用"T"（碳字的汉语拼音字头）表示，其后面的数字表示其平均含碳量的千分之几。如 T8，表示含碳量为 0.8% 的优质碳素工具钢。高级优质碳素工具钢在牌号最后标注"A"，如 T10A。这类钢含碳量较高，且随含碳量的增加，硬度、耐磨性提高，而塑性、韧性降低，主要用来制造手动切削工具和不太重要的模具，如锉刀、手锯条、冲头、錾子等，常配以淬火+低温回火热处理。

四、常用合金钢

合金钢的牌号较多，工业上应用较广的有：

1）Q345，属低合金高强度结构钢。化学成分的特点是低碳、低合金，具有优良的冷变形能力和焊接性能，常用于制造较重要的冲压件和焊接件，如桥梁、船舶、压力容器等。

2）20CrMnTi，属合金渗碳钢。其中 $w_C \approx 0.2\%$，其它各合金元素含量均小于 1.5%。当配以渗碳+淬火+低温回火热处理后，可获得表面高硬度、中心高韧性的性能，主要用来制造受较大冲击力作用的耐磨件，如汽车和拖拉机变速箱中的齿轮等。

3）40Cr，属合金调质钢。其 $w_C \approx 0.4\%$，$w_{Cr} < 1.5\%$。38CrMoAl，也属合金调质钢。其 $w_C \approx 0.38\%$，各合金元素含量均小于 1.5%。当合金调质钢配以调质热处理后，可获得更优良的综合力学性能，主要用于制造较重要的轴、连杆、螺栓等。

4）60Si2Mn，属合金弹簧钢。其 $w_C \approx 0.6\%$，$w_{Si} \approx 2\%$，$w_{Mn} < 1.5\%$。配以淬火+中温回火热处理后，可获得较高的弹性、屈强比和耐疲劳性能，主要用于制造重要的弹簧，如汽车板簧、测力弹簧等。

5）9SiCr，属量具刃具钢。其 $w_C \approx 0.9\%$，其它各合金元素含量均小于 1.5%。淬火+低温回火热处理后，可获得较高的硬度和耐磨性，主要用于制造丝锥、板牙、铰刀等中低速切削刀具和各种量具。

6）Cr12，属冷作模具钢。其 $w_C \approx 2.2\%$，$w_{Cr} \approx 12\%$。适当热处理后，可获得极高的硬度和耐磨性，足够的强度和韧性，且具有热处理变形小的特点，主要用来制造冷冲模、冷镦模、搓丝板等。

7）5CrNiMo，属热作模具钢。其 $w_C \approx 0.5\%$，其它各合金元素含量均小于 1.5%。最终热处理一般为淬火后高温回火，具有良好的热硬性、耐热疲劳性能，主要用来制造热锻模、热挤压模、压铸模等。

8）W18Cr4V，属高速工具钢，又称高速钢。其 $w_C \approx 0.75\%$，$w_W \approx 18\%$，$w_{Cr} \approx 4\%$，$w_V < 1.5\%$。因合金元素含量较高，适当热处理后，在高温下（600℃）仍具有高硬度（即热硬性高），可用于制造车刀、钻头、铣刀等高速切削工具。

9）40Cr13，属不锈钢。其 $w_C \approx 0.4\%$，$w_{Cr} \approx 13\%$。由于 Cr 的作用，使钢具有优良的耐大气腐蚀的能力，并具有一定的硬度，主要用于制造医疗工具，如手术刀、手术剪等。

10）ZGMn13，属耐磨钢。其 $w_C \approx 1.2\%$，$w_{Mn} \approx 13\%$。铸态下硬而脆，通过水韧处理（类似于淬火操作），使钢硬度降低，便于加工。当使用时，受剧烈冲击或较大压力作用后表面立即硬化，从而达到耐磨的目的，主要用于制造坦克履带板、碎石机颚板等零件。

第二节　铸铁与有色金属材料

一、铸铁

铁矿石经高炉冶炼后，浇注到砂型或钢模中，即形成生铁锭。生铁锭是以 Fe、C、Si 为主要元素的多元合金。

生产上常用的铸铁件，通常是以生铁锭为原料，以焦炭为燃料，并加入熔剂及废钢等经冲天炉熔化后浇入铸型而形成的。铸铁件既是铸造方法生产出的"产品"，又是机械加工中常用的毛坯。

铸铁件中的碳主要是以石墨形式存在的。按石墨的形状不同，可分为灰铸铁（石墨以片状形式存在）、可锻铸铁（石墨以团絮状形式存在）、球墨铸铁（石墨以球状形式存在）等。由于石墨本身的力学性能很低，相当于在钢的基体中存在空隙一样，减少了零件承载的有效面积；对于灰铸铁，其中的石墨片还存在尖角作用，在拉力作用下易形成裂纹的扩展，造成其力学性能降低很多，且韧性很低，呈脆性。然而，也正因为石墨的存在，才使铸铁具有耐磨、耐压、减振、缺口敏感性低等优良性能，并且批量生产时成本低。所以，铸铁广泛用来制造机床床身、支架、底座、减速器箱体等。常用的铸铁有：

1）HT150，属普通灰铸铁，其组织是由在钢的基体（铁素体+珠光体）上分布较粗大的片状石墨组成的，最低抗拉强度是150MPa，主要用于制造普通机床床身、底座、支柱、轴承座、皮带轮等承受中等载荷的零件。

2）HT350，属孕育铸铁，其组织是由在钢的基体上分布较细小的片状石墨组成的，最低抗拉强度是350MPa，主要用于制造承受高负荷、要求耐磨和高气密性的重要零件，如大型发动机的气缸体、缸套、缸盖等。

3）KTH300-06，属可锻铸铁，其组织是由在钢的基体上分布团絮状石墨组成的，最低抗拉强度是300MPa，最小断后伸长率是6%，主要用于制造弯头、三通等水暖管件。

4）QT700-2，属球墨铸铁，其组织是由在钢的基体上分布球状石墨组成的，最低抗拉强度是700MPa，最小断后伸长率是2%，主要用于制造柴油机和汽油机的曲轴、连杆，以及空压机和冷冻机的缸体、缸套等。

二、有色金属材料

工业上常将以Fe和C为主要元素的金属材料（钢和铁）称为黑色金属，而将其它元素为主的金属材料统称为有色金属。机械行业常用的有色金属是铝和铜及其合金。由于有色金属在自然界中的蕴藏量少、冶炼困难、消耗电能大以及成本高，故其产量和使用量都较黑色金属低。虽然有色金属的强度、硬度等力学性能较低，但具有某些特殊的物理性能和化学性能，如密度小，导电性、导热性和耐蚀性好等，已成为现代工业不可缺少的材料。

有色金属熔炼后可浇注成铸锭（如铝锭等），供铸造和锻造用；也可轧制成各种截面形状的型材，如各种规格的板、带、箔、管、棒和线材等。

第三节　钢的热处理

钢的热处理是指将钢在固态下加热到一定温度，经过保温，再以适当的速度冷却，从而改善钢的内部组织，得到所需性能的工艺方法。

热处理的方法很多，常用的有退火、正火、淬火、回火以及表面淬火和化学热处理。不同的热处理工序，常穿插在零件制造过程中的各个热、冷加工工序中进行。各工序之间的热处理称为中间热处理或预先热处理，主要用来消除上道工序遗留下来的某些缺陷，为下道工序准备好条件。最后的热处理称为最终热处理，主要用来进一步改善材料的性能，从而充分发挥材料的潜力，延长使用寿命，达到零件的使用性能要求。

一、热处理设备

根据热处理工艺和生产的需要，一般热处理车间的常用设备有：热处理加热炉、控温仪表和冷却设备及质量检验设备。

常规热处理加热炉有各种规格的箱式电阻炉和井式电阻炉等。根据额定工作温度不同，又分为高温炉、中温炉和低温炉三类。

炉子型号用字母加数字来表示，如 RX30-9，表示炉子的最高使用温度为 950℃、额定功率为 30 kW 的箱式电阻炉（R 表示电阻炉；X 表示箱式），箱式炉可用来加热除长轴类零件之外的其它形状的热处理件。RJ36-6 是井式电阻炉（J 表示井式），第一组数字 36 表示炉子的额定功率为 36kW；第二组数字 6 表示炉子的最高使用温度为 650℃。井式炉可用来加热长轴类零件，一般是垂直吊装，以防工件因自身重量导致加热时变形。其它形状零件可先装入料筐后再放入炉内。

二、热处理方法

1. 钢的退火

退火是将钢加热到一定的温度，保温一定的时间后再缓慢冷却下来的热处理操作。缓冷方法通常采用随炉冷却、灰冷及坑冷。退火的目的是：

1）均匀组织、细化晶粒，主要用于铸钢件；

2）消除工件的内应力，主要用于消除铸件、锻件、焊接件的内应力；

3）降低工件硬度，便于切削加工。

2. 钢的正火

正火是将钢加热到 Ac_3（或 Ac_{cm}）以上 30~50℃（45 钢的加热温度为 850℃），进行保温后出炉空冷至室温的热处理操作。由于冷却速度比退火快，所以，正火件比退火件的硬度、强度稍高，而塑性、韧性稍低。对不重要的零件可作为最终热处理。

低碳钢正火后的硬度适中，更适合切削加工，又由于正火冷却时不占用炉子，可使生产率提高，成本降低，故多用正火来代替退火。中碳钢用正火作为中间热处理时，可消除过热组织，细化晶粒，改善切削加工性能，并为淬火作组织准备。高碳钢和部分合金钢正火后硬度较高，不利于切削加工，但可消除晶界上的碳化物，为球化退火作组织准备。

3. 钢的淬火

淬火是将钢件加热到 Ac_3 或 Ac_1 以上某一温度，保温后出炉快速冷却的热处理操作。淬火时的冷却介质称为淬火剂。常用的淬火剂有油、水和盐水。油的冷却能力较低，多用于合金钢淬火。水的冷却能力较强，多用于碳钢件淬火。盐水的冷却能力更强，多用来处理较大尺寸的碳钢件。但是，冷却速度越快，越易造成工件内部冷却不均，产生较大内应力，致使工件变形，甚至出现裂纹。所以，在同样满足淬硬要求的前提下，应尽量选用冷却能力小的淬火剂。

把加热保温后的钢件浸入水或油中冷至室温，这种淬火方法叫单液淬火。有的工件为保证既淬硬又不因冷速过大而变形或开裂，采用水淬油冷的双介质淬火。双介质淬火是将保温后的钢件取出后先在水中快速冷却，当温度降到 300℃ 左右时，立即从水中取出再放入油中冷却至室温。这种方法对高碳钢件或尺寸较大的合金钢件的效果较好。

淬火操作时，要注意淬火工件浸入淬火剂的方式。如果浸入方式不正确，可能使工件各部分冷却速度不一致，造成很大的内应力，使工件变形甚至产生裂纹或局部淬不硬。

淬火可以显著地增加钢的硬度，提高钢的耐磨性。当与回火热处理配合时，可使钢的力学性能在很大范围内得到调整，并能减小或消除淬火产生的内应力，降低钢的脆性。

4. 钢的回火

回火是将淬火后的钢重新加热到某一温度（临界温度线 Ac_1 以下），保温一定时间后空冷或油冷至室温的热处理操作。依据回火时的加热温度不同，可把回火分为低温回火、中温回火和高温回火。

低温回火的加热温度为 150~250℃。它可以部分地消除淬火造成的内应力，降低钢的脆性，提高钢的韧性，同时仍保持高硬度。故多用来对工具、量具、刀具进行处理。

中温回火的加热温度为 350~500℃。淬火件经中温回火后，可消除大部分内应力，提高钢的韧性和强度，尤其是使钢获得了高弹性，但硬度稍有降低，一般用于处理弹簧、锻模等零件。

高温回火的加热温度为 500~650℃。高温回火后，可以完全消除内应力，使零件具有高强度与韧性相配合的良好的综合力学性能，这也是很多机械零件如轴、连杆、曲轴等所要求的性能，故这种回火在热处理行业中经常使用。工件淬火后再经高温回火，此工艺过程统称为调质处理。

淬火后的钢在 250~350℃回火时，易出现回火脆性。所以，一般不选择在此温度范围内回火。

5. 钢的表面淬火

表面淬火是利用快速加热使钢件表面迅速达到淬火加热温度，在热量还来不及传到钢件中心时就快速冷却下来的热处理操作。表面淬火可以保持心部原来的强度和韧性，而使表层获得高硬度、高耐磨性。它主要用于承受冲击载荷，而且表面又要求耐磨的零件，如齿轮、凸轮等零件的处理。常用的表面淬火方法分为感应加热表面淬火和火焰加热表面淬火。

6. 钢的化学热处理

化学热处理是将热处理工件放在某些化学介质中，加热到一定温度并保温一定时间，使一种或几种元素的活性原子参入工件的表层，以改变表层的化学成分和组织的热处理操作。它可以更大程度地提高零件表面的硬度、耐磨性等，而心部仍保持原有的性能。化学热处理方法是按渗入元素种类命名的，最常用的是渗碳、渗氮及碳氮共渗。

三、钢件的热处理缺陷及防止方法

在热处理过程中，若工艺参数选择不佳、仪表误差过大或操作不当，就会使工件产生缺陷。常见的缺陷有：过热、过烧、氧化、脱碳、硬度不足、硬度不均、变形及裂纹等。

退火、正火、淬火的加热温度主要取决于钢的化学成分；保温时间应以零件心部组织得以充分转变为准，常用经验公式：$t=KD$（min）来确定。式中，K 为与炉子等有关的系数（常取 1~1.5min/mm）；D 为工件的直径或截面尺寸（mm）。加热温度太低，保温时间太短，达不到钢的组织全部转变的目的，其结果是退火退不软、淬火淬不硬或硬度不均；加热温度过高，保温时间过长，会使钢的晶粒变粗（称为过热），导致塑性和韧性显著降低。当加热温度高到近熔点时，会使晶界上的部分杂质熔化或严重氧化（称为过烧），造成工件报废。另外，若加热温度过高，在加热和保温时，炉内的氧化性气氛会使工件表面的金属氧化和钢中的碳原子烧损（称为脱碳）。因此，要想防止或减少这些缺陷，就必须严格控制加热温度和保温时间。

在淬火时，冷却速度很快，工件心部与表层的冷缩及转变不同时，会产生很大的内应力，甚至引起工件的变形和裂纹。因此，要选择合适的淬火剂和淬火方法，以及正确的操作。

四、锤头的热处理工艺

锤头的材料选用 45 钢，硬度要求为 53~57HRC，采用淬火（860℃±10℃，20min）+低温回火（210℃±10℃，60min）热处理方法。

生产工艺流程为：下料→锻造→粗刨→钳工制作→淬火+低温回火→检验。

各热处理工序的作用及注意事项：淬火，用以提高硬度和耐磨性；为减小锤头表面氧化、脱碳，淬火加热时要在炉内放入少量木炭，并采用到温装炉；淬火冷却时，手持钳子夹持锤头入水，并不断在水中摆动，以保证硬度均匀；低温回火，用以减小淬火产生的内应力，增加韧性，降低脆性，达到硬度的要求。

复习思考题

1. 钢和铸铁有哪些区别？
2. 机械零件选材时要考虑哪些主要因素？
3. 何谓热处理？它在零件制造中的重要作用是什么？
4. 试比较退火与正火的异同点。
5. 淬火的目的是什么？水淬与油淬有什么不同？分别在何种情况下选用？
6. 什么叫回火？目的是什么？回火温度对钢的性能有什么影响？
7. 何谓调质处理？其目的是什么？
8. 表面淬火与普通淬火有什么区别？

第二章 铸　　造

铸造是将金属熔化并浇注到具有与零件形状相适应的铸型空腔中，待其冷却凝固后，获得毛坯与零件的方法。

铸造方法主要分砂型铸造与特种铸造两大类，特种铸造是砂型铸造以外的铸造方法，包括熔模铸造、金属型铸造、压力铸造、低压铸造、离心铸造、消失模铸造、连续铸造等。

本章主要介绍砂型铸造。

第一节　砂型铸造

砂型铸造是将液体金属浇入砂质铸型型腔中，待铸件冷凝后，将铸型破坏取出铸件的方法。其工艺过程如图 2-1 所示，主要包括制模、配砂、造型、造芯、熔化金属、合箱浇注与清理检验等。

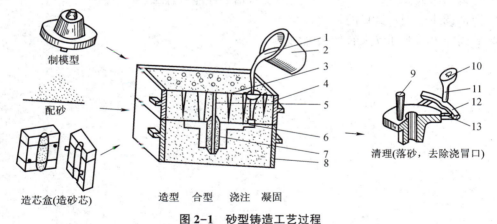

制模型
配砂
造芯盒(造砂芯)
造型　合型　浇注　凝固
清理(落砂，去除浇冒口)

图 2-1　砂型铸造工艺过程

1—液体金属；2—浇包；3—气孔；4—上砂箱；5—型芯排气孔；6—型腔；7—砂芯；
8—下砂箱；9—出气冒口；10—浇口杯；11—直浇道；12—横浇道；13—内浇道

一、造型（芯）材料

造型（芯）材料包括制造砂型的型砂和制造砂芯的芯砂，以及砂型和砂芯的表面涂料。造型材料性能的好坏，对造型和造芯工艺和铸件质量有很大影响。

1. 型（芯）砂的组成

型（芯）砂用原料包括砂、黏土、水、有机或无机粘结剂和其它附加物等。

2. 对型（芯）砂的性能要求

型（芯）砂必须具备一定的铸造工艺性能，才能保证造型、造芯、起模、修型、下芯、合型、搬运等顺利进行，同时能承受高温金属液的冲刷与烘烤。铸件中有些缺陷往往与造型材料直接有关，如砂眼、夹砂、气孔、裂纹等，都是因为型（芯）砂某些性能达不到性能要求所致。因此，要求型（芯）砂应具备以下性能：

（1）强度

强度是指型（芯）砂紧实后再受到外力时抵抗破坏的能力。型（芯）砂强度要符合工艺要求，若强度低，则可能发生塌箱、冲砂等，会使铸件产生砂眼、夹砂等缺陷；若强度太高，砂型太硬，透气性差，会使铸件产生气孔、内应力或裂纹等。

（2）透气性

透气性是指型（芯）砂通过气体的能力。当高温金属液浇入型腔后，在铸型内产生的大量气体必须顺利地从砂粒间隙排出，否则铸件易产生气孔。

（3）耐火度

耐火度是指型（芯）砂在高温液态金属作用下不软化、不烧结的能力；否则，铸件表面易粘砂，造成清理困难，严重时使铸件成为废品。

（4）退让性

退让性是指铸件在冷却收缩时，砂型和砂芯可被压缩而不阻碍铸件收缩的能力。否则，将造成铸件收缩受阻而产生较大内应力，甚至引起变形或裂纹。

二、模样和芯盒

模样是用来形成铸型型腔的，其形状应与铸件外形相似；芯盒是用来制造砂芯的，砂芯是形成铸件内腔的，其形状应与铸件内腔相似。模样与芯盒的材质，主要选用木材，故常称木模，批量大时，多用金属模样。

三、造型

造型是砂型铸造中重要的工艺过程。造型时首先要考虑的问题是如何将模样从砂型中取出来，形成铸件的型腔，以便浇注。为了取出模型，铸型必须有分型面，并按铸件外形复杂程度、批量大小来考虑选用何种造型方法。

造型可用手工操作，大批量生产时可用机器造型。具体造型方法如下：

1. 手工造型法

（1）手工造型工具

手工造型时常用的工具如图 2-2 所示。

（2）砂型组成

合型后的砂型各部分名称如图 2-3 所示。型砂被春紧在上下砂箱中，连同砂箱一起，分别称作上型和下型。砂型中被取出模样留下的空腔称为型腔。上、下型分界面称为分型面。图中所在型腔中有阴影线的部分表示砂芯。用砂芯是为了形成铸件上的孔或内腔，砂芯上用来安放和固定砂芯的部分为芯头，芯头安放在砂型的芯座中。

金属液从砂型浇口杯浇入，经直浇道、横浇道、内浇道流入型腔。型腔的最高处开有冒口，以补充金属收缩和排出气体。被高温金属液包围的砂芯所产生的气体由芯中通气孔排出，而砂型中和型腔中的气体则经通气孔排出。

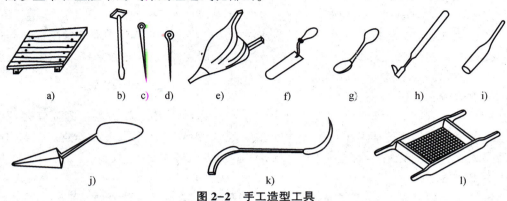

图 2-2　手工造型工具

a) 底板：放置模样用；b) 舂砂锤：用尖头锤舂型砂，用平头锤打紧砂型顶部的型砂；

c) 通气针：扎砂型通气孔用；d) 起模针：比通气针粗，起模用；

e) 皮老虎（手风箱）：用来吹去模样上的分型砂及散落在型腔中的散砂；

f) 镘刀：修平面及挖沟槽用；g) 秋叶（圆勺、压勺）：修凹的曲面用；

h) 提钩：修凹的底部侧面及勾出砂型中的散落砂用；

i) 半圆（铜环、竹片桶）：修圆柱形内壁和内圆角用；j) 铲勺；k) 法兰勾；l) 筛子

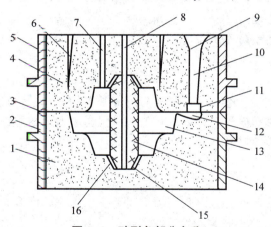

图 2-3　砂型各部分名称

1—下型；2—下砂箱；3—分型面；4—上型；5—上砂箱；6—通气孔；7—出气冒口；8—芯通气孔；
9—浇口杯；10—直浇道；11—横浇道；12—内浇道；13—型腔；14—砂芯；15—芯头；16—芯座

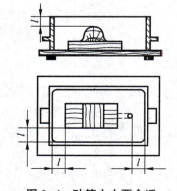

图 2-4　砂箱大小要合适

（3）造型操作基本技术

1）造型前准备工作。首先，准备造型工具，选择平直的模底板和大小合适的砂箱，如图 2-4 所示。其次，擦净模样，以防止造型时型砂粘在模样上，起模时损坏型腔；然后安放模样。

2）舂砂。首先，舂砂时必须将型砂分次加入，对小砂箱每次加砂厚度 50~70 mm，如图 2-5 所示。其次，靠近型腔部分稍紧一些，以承受金属液的冲压力；远离型腔的砂层紧实度依次适当减小，以利透气。

3）撒分型砂。下型造好后砂箱翻转 180°，在造上型之前，

应在下型的分型面上撒上分型砂，以防止上、下型粘在一起分不开型。

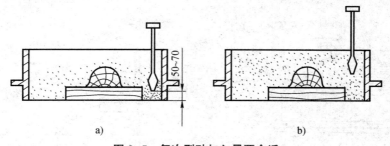

图2-5　每次型砂加入量要合适

a）加入量合适易紧实；b）加入量过多春不紧

4）扎通气孔。上型春紧刮平后，要在模样投影面范围内的上方，用直径2~3mm通气针扎出通气孔，以利于浇注时气体逸出，如图2-6所示。通气孔应均布，如图2-7所示。下型一般不扎通气孔。

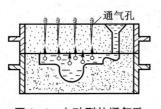

图2-6　上砂型扎通气孔

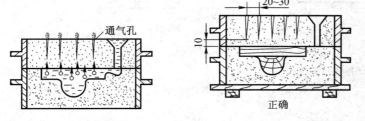

图2-7　通气孔应均布，深度适当

5）开浇口杯。浇口杯应挖成漏斗形，如图2-8所示。直径大小视锥形大小而定，一般为φ60~80mm。

6）作合型线。若上、下箱无定位销，应在上、下型打开前，于砂箱分箱面处作合型线。一般是用砂泥粘敷在箱壁上，用镘刀抹平。先沿分型面横划分开线，再划出与分型面相垂直的两条以上的线，同时在相对应的砂箱直角处作出同样的记号，俗称打泥号。两处合型线应不相等，以免合型时弄错。打完泥号后再开型起模，如图2-9所示。

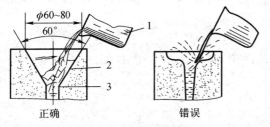

图2-8　漏斗形浇口杯

1—浇包；2—浇口杯；3—圆弧

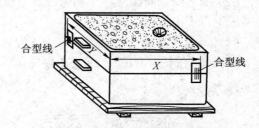

图2-9　沿砂箱直角边最远处作合型线

7）起模。首先，起模前用水笔蘸些水刷在模样周围的型砂上，如图2-10所示，以增加这部分型砂的塑性，防止起模时损坏砂型。其次，起模针位置要尽量与模样的重心垂直线重合，否则，起模时会碰坏型腔，如图2-11所示。起模前用小锤轻轻敲打起模针的下部，使模样松动，以利起模，严禁重锤敲打，如图2-12所示。

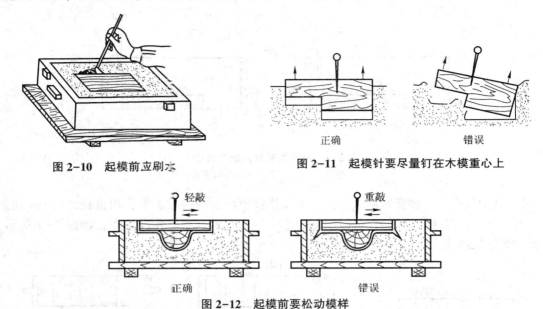

图 2-10　起模前立刷水　　　　图 2-11　起模针要尽量钉在木模重心上

正确　　　　　　　错误

图 2-12　起模前要松动模样

8）修型。起模后型腔如有损坏应进行修补。

9）合型。修型开浇道及下芯等工作完毕后，即可进行合型。合型时应注意保持水平下降，并对准合型线，防止错型。

2. 机械造型法

机器造型主要是将手工造型中的填砂、紧实与起模等操作由机器来完成。较为完善的造型机能使整个造型过程（包括填砂、紧实、起模等操作）都是自动进行，其动力大多是压缩空气。

四、造芯

型芯的作用是与铸型配合以形成铸件内腔。

1. 对型芯的技术要求

由于型芯受到高温液体金属的冲击与包围，因此除要求芯砂具有更高的性能外，制芯时还需采取以下措施：

（1）放置型芯骨

对较大或细长的型芯，放置芯骨以提高型芯的强度，如图2-13所示为常用的几种型芯骨。

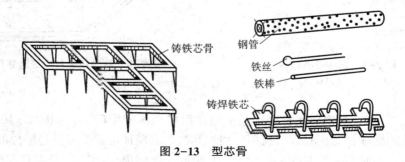

图 2-13　型芯骨

（2）开通气孔

开通气孔以利于型芯中气体的排出，如图 2-14 所示为常见的几种型芯通气方法。

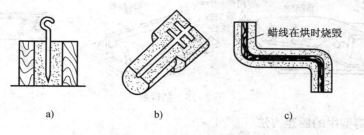

图 2-14　型芯的通气孔
a）通气针扎气孔；b）挖通气沟；c）埋蜡线

（3）烘干

型芯烘干的目的主要是提高型芯的强度。为了提高型芯的耐火度和铸件的表面质量，型芯表面还需刷涂料。

2. 造芯方法

1）用双开型芯盒制芯，如图 2-15 所示。

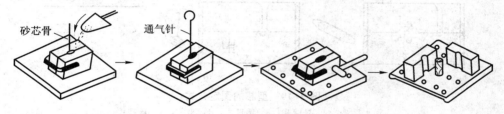

图 2-15　双开型芯盒制芯

2）用两半型芯盒粘合制芯，如图 2-16 所示。

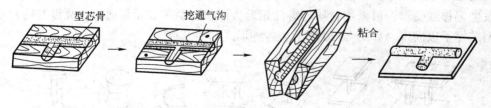

图 2-16　两半型芯盒粘合制芯

3）用复杂型芯盒制芯，如图 2-17 所示。

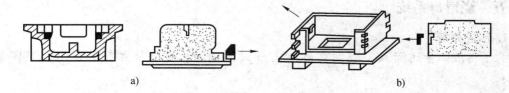

图 2-17　复杂型芯盒制芯
a）脱落式；b）可拆式

4) 用刮板制芯，如图 2-18 所示。

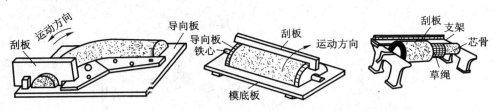

图 2-18　刮板制芯

3. 型芯在铸型中的固定方法

（1）型芯头

型芯在铸型中主要由芯头固定。图 2-19 列举了各类型芯的固定方式。

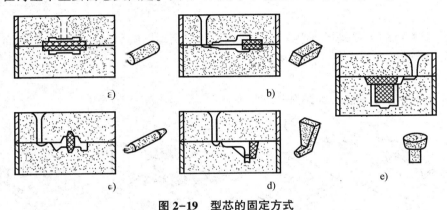

图 2-19　型芯的固定方式

a）水平式；b）悬臂式；c）垂直式；d）坐式；e）悬挂式

（2）型芯撑

有的型芯单用型芯头不能固定时，为了稳固型芯，防止浇注时受金属液冲力和浮力的作用而发生偏移或变形，可采用材质与铸件相近，形状与型芯表面相适应，高度与铸件壁厚相等的型芯撑予以固定。如图 2-20 所示为各种形式的型芯撑。

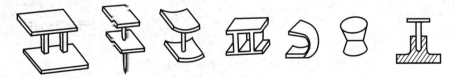

图 2-20　型芯撑

五、浇冒口系统

1. 浇注系统

为了将液体金属浇入型腔而在砂型上开设的通道，称浇注系统。它由以下四部分组成：

（1）浇口杯

浇口杯的作用是承受从浇包倒出来的金属液，减轻液流的冲击和分离熔渣，防止飞溅和溢出。小型铸件通常为漏斗状，可用手工在砂型上直接开挖。专门制作的浇口杯通常为盆状，有的还具有各种挡渣措施，如图2-21所示。

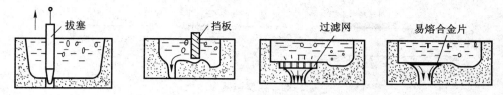

图2-21　具有挡渣措施的浇口杯

（2）直浇道

直浇道是垂直通道，连接浇口杯与横浇道，断面常为圆形。直浇道是用带2°~4°圆锥棒为模型制出的。为保证一定的静压力，其高度通常要高出型腔最高顶面100~200mm。

（3）横浇道

横浇道是水平通道，将金属液引入内浇道。简单的小铸件有时可省去。它是阻挡熔渣进入型腔的最后一道关口，一般设在上砂型内，截面形状高而狭。对于易生成氧化物的铝、镁合金的铸型，一般均须开设横浇道，并使其具有集渣作用，如图2-22所示。

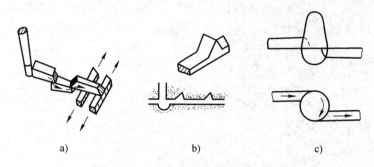

a)　　　　　　　　　b)　　　　　　　　　c)

图2-22　具有集渣作用的横浇道
a) 稳流式；b) 锯齿形式；c) 集渣式

（4）内浇道

内浇道是金属液直接流入型腔的通路。它与铸件直接相连，并控制着金属液流入型腔的速度和方向，影响铸件内部的温度分布，对铸件质量有较大影响。

1) 内浇道开设的位置与方向，要有利于挡渣和防止冲刷砂芯或铸型壁，如图2-23所示。

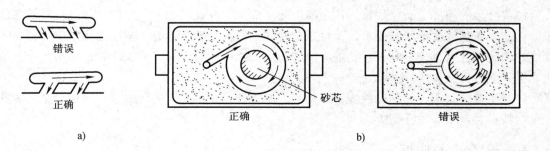

a)　　　　　　　　　　　　　　b)

图2-23　内浇道的开设位置
a) 浇口的相对位置；b) 防止冲毁型芯

2) 宜采用扁方形、浅圆形的截面形状，与铸件连接处应薄而宽，如图2-24所示。

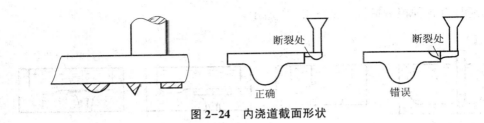

图 2-24 内浇道截面形状

2. 冒口和冷铁

（1）冒口

冒口的主要作用是补缩。对收缩性大的合金与较厚的铸件，加冒口可以防止缩孔的产生。它的位置应开设在铸件最高及最厚的部位。冒口有明冒口和暗冒口两种，后者设在砂型的内部，如图 2-25a 所示。

此外，冒口还有排气、浮渣以及观察铸型是否注满的功用，故小型薄壁件可仅在铸件的顶部开设一个带有锥度的直通气道，称出气冒口，亦称出气口。

（2）冷铁

冷铁是一金属镶块，利用金属导热比铸型材料快得多的性能，起到提高铸件局部区域冷却速度的作用。冷铁与冒口相配合，可使铸件做到定向凝固，如图 2-25b 所示。

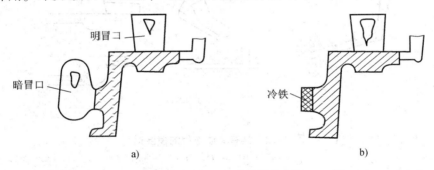

图 2-25 冒口与冷铁的作用

a）冒口；b）冷铁

第二节 铸造合金的熔炼与浇注

铸造合金的熔炼，不仅是将固体金属熔化成液体，并过热到一定温度，使之具有足够的流动性，以满足铸件形状的要求，而且更重要的是要保证合金具有所要求的化学成分和力学性能。为此，在熔化合金时，需要加入各种合金元素以调整合金成分，同时也要防止合金氧化、吸气或进入杂质等。

铸造用合金很多，它们的性能各不相同，熔炼设备也不尽相同。以下仅对铝合金、铸铁合金的特点和设备简单介绍。

一、铝合金的熔炼

1. 特点

纯铝是很少用来制造铸件的，工业中常用的为铝合金。铝合金的特点是：相对密度小

（2.5~2.88），熔点低（约650℃），流动性好，可浇注各种复杂而薄壁的铸件。

铝合金熔化后极易氧化，其氧化物 Al_2O_3 的密度又与金属液相近，易混入合金内，浇注后在铸件中形成夹渣缺陷。铝合金还易吸气，特别是吸收氢气，在铸件中形成气孔。因此熔化时，不能直接与燃料接触，必须放在坩埚内熔化。由于铝的熔点低，坩埚可用铸铁或含铬合金钢制成。浇包、扒渣勺和钟罩等工具可由钢板焊成。为防止铁等杂质进入铝液，坩埚与工具的表面须涂上一层涂料（氧化锌+水玻璃+水），并充分烘干和预热。炉料须经喷砂处理，以除去油污氧化物等。为排除已溶入铝液中的氢和 Al_2O_3，提高金属液的质量，熔炼后期还需精炼。

2. 设备

铝合金用坩埚炉种类很多，按其热源不同，有焦炭炉、油炉、燃气炉、电阻炉、感应电炉等，其中油炉和电阻炉最为常见。

（1）油炉

油炉的优点是使用灵活，温度可以调节，熔化效率高，金属烧损少，但炉衬寿命短，耗油量大。重油坩埚炉结构如图2-26所示。

（2）电阻炉

电阻炉如图2-27所示，其控制温度准确、金属烧损少，吸气也少。一般航空工厂要求质量高，应用较多。

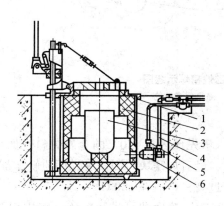 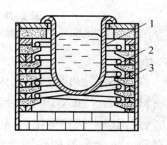

图 2-26　重油坩埚炉
1—炉盖；2—炉衬；3—坩埚；
4—进油管；5—进气管；6—喷油嘴

图 2-27　固定式电阻坩埚炉
1—坩埚；2—电阻丝；
3—耐火砖

3. 熔化过程（以ZL105为例）

（1）配料

ZL105是铝-硅系铸铝合金，主要成分和质量分数如表2-1所示。配料时，应考虑各元素的烧损。可加入回炉料40%~60%。

表 2-1　ZL105 的主要成分和质量分数

主要成分	Si	Mg	Cu	Al
质量分数（%）	4.5~5.5	0.35~0.6	1.0~1.5	其余

（2）原材料

1）金属材料。包括纯铝锭（A_{00}）、原合金锭（ZL105）、镁锭、铝-硅和铝-铜中间合金等。

中间合金是一种预先熔制好的熔点较低的合金。因为硅和铜的熔点都比铝高（硅的熔点为1440℃、铜的熔点为1083℃），如直接加入并使其熔于合金中，则须将铝液温度升得很高，这样熔炼出来的合金将严重吸气和氧化，故一般先将铜和硅分别制成含铜50%、熔点为590℃的铝-铜中间合金和含硅12%、熔点为577℃的铝-硅中间合金。

2）精炼熔剂。常用六氯乙烷，其作用是与铝液发生下列反应：

$$3C_2Cl_6 + 2Al \longrightarrow 3C_2Cl_4 \uparrow + 2AlCl_3 \uparrow$$

反应的结果是生成四氯乙烯和三氯化铝，它们的沸腾温度分别为121℃和183℃，在铝液温度下，形成气泡。在气泡的上升过程中，由于气泡中氢的分压力为零，故溶解在铝液中的氢向气泡中扩散，如图2-28a所示，并随着气泡上浮，逸出排除。与此同时，悬浮在铝液中的氧化铝等夹杂物也会吸附在气泡的表面上，随着气泡上浮到金属液的表面，气泡破裂后，氧化物就被留在金属液的表面，可用扒渣勺将其除掉，如图2-28b所示。

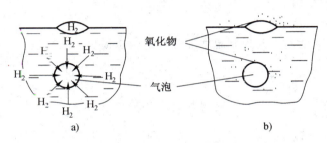

图2-28　六氯乙烷精炼示意图
a）除氢气；b）除氧化夹杂物

（3）熔化操作

1）装料。在加热到暗红色的坩埚内，加入事先预热到150℃的金属炉料。加料顺序是：先加回炉料，待熔化后，加入中间合金和铝锭，最后加镁块。因镁易燃而质轻，加入时需用扒渣勺将其压入液面以下快速熔化。温度不宜过高，一般在680℃。

2）精炼处理。铝合金液加热到700～730℃，搅拌后即可进行精炼。将用铝箔包好的、用量为铝液0.4%～0.6%的六氯乙烷，分2～4包，分批用钟罩压入到液体1/3的深处轻轻移动，直到不冒气泡为止。

精炼后，静置数分钟，让气泡全部逸出后，方可浇注。

二、铸铁的熔炼

铸铁按其化学成分和内部组织不同可分为：普通灰铸铁、球墨铸铁、可锻铸铁等，其中普通灰铸铁应用最广。

1. 特点

灰铸铁的流动性好，能填充复杂而薄壁的铸型；熔点比钢低，因而不论对熔化设备或是对造型材料的要求都较简单；由于铸铁凝固时有石墨析出，使体积略有膨胀，所以收缩小，不易产生缩孔和热裂等缺陷。

一般铸铁的化学成分和质量分数如表2-2所示。

表 2-2 铸铁的化学成分和质量分数

主要成分	C	Si	Mn	P	S
质量分数（%）	2.5~3.6	1.1~2.5	0.6~1.2	≤0.5	≤0.15

2. 设备

铸铁熔化设备有冲天炉和工频感应电炉等。冲天炉熔化的铁液质量不如感应电炉，但炉子结构简单、操作方便，燃料消耗小，熔化率高，但污染环境。而工频感应电炉是目前对金属加热效率最高、速度最快，低耗节能环保型的感应加热设备。

（1）冲天炉

1）冲天炉的结构。冲天炉以每小时熔化的铁液量来衡量大小，如 1h 熔化 1t 或 25t 者，分别称为 1t 或 25t 冲天炉。冲天炉的结构如图 2-29 所示。

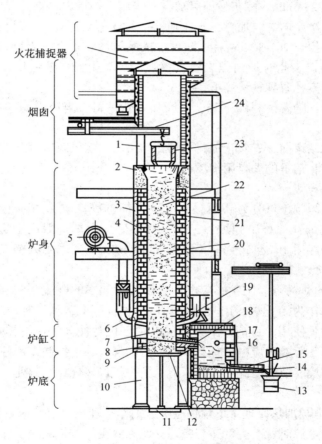

图 2-29 冲天炉

1—加料口；2—铁砖；3—炉壳；4—耐火砖；5—风机；6—风带；7—底焦；
8—炉床；9—底板；10—支柱；11—基础；12—炉底门；13—铁水包；14—出铁槽；
15—出铁口；16—出渣口；17—前炉；18—过桥；19—风口；20—层铁；
21—层焦；22—熔剂；23—加料桶；24—加料装置

2）冲天炉用的原材料：

①金属炉料：生产铸铁件常用金属炉料包括生铁、废钢、硅铁、锰铁等。

②燃料：主要是焦炭。它既用来化铁，同时又靠它来支撑炉料。熔化前，炉内先加入一定高

度的焦炭，称为底焦。在熔化过程中底焦的高度要求保持不变，因此，在其后所加入的每批炉料中，都要加入层焦来补偿底焦的烧损。每批炉料与层焦的比，称为铁焦比，通常为 10：1。

③熔剂：主要是石灰石和萤石，加入量为金属炉料质量的 3%～4%。其作用是降低炉渣的熔点，提高流动性，使之易于排除，以保证铁水的质量，并使熔炼正常进行。

3）冲天炉的熔化操作：

①修炉：首先清除炉内戎渣，修好损坏部分的炉衬，然后闭上炉底门，用旧砂在底门上打一向出铁口倾斜 5°～7°的炉底，并进行烘干。

②点火：向炉内加入木柴，打开风眼盖，点火，让其自然通风燃烧。

③加底焦：木柴燃烧很旺时，从加料口分 2～3 批加入底焦，其加入量应严格控制，一般高于风口 0.6～1m。

④加料：鼓风 2～3min，除灰后即可加料，按熔剂→废钢→新生铁→回炉料→铁合金→层焦→熔剂……的次序向炉为加料，直加到料口下沿为止。

⑤熔化：炉料预热 20～30min 后，即可正式鼓风熔化，鼓风半分钟左右，关闭风眼盖，堵上出铁口和出渣口。此时炉内焦炭急剧燃烧，炉温上升，铁料熔化。一般鼓风 5～6min 后，即可由风口观察孔看到铁液滴下。

在熔化过程中，随着炉料的下降，不断加入新炉料，当炉中储存适量铁液后，即可出渣，出铁。

⑥打炉：熔化结束前，先停止加料。熔化结束后，将风眼盖打开，停止鼓风。出清铁液后，打开炉底门，将落下的炉料用水浇灭。

（2）工频感应电炉

感应电炉按电源频率可分为高频感应电炉（简称高频炉）、中频感应电炉（简称中频炉）和工频感应电炉（简称工频炉）三类。高频感应电炉一般用于实验室进行科学研究，而工频感应电炉一般用于熔炼铸铁。工频感应电炉又分为无芯工频感应电炉和有芯工频感应电炉两种。

1）工频感应电炉特点。工频感应电炉是以工业频率的电流（50 或 60Hz）作为电源的感应电炉。它主要作为熔化炉，用来冶炼灰口铸铁、可锻铸铁、球墨铸铁和合金铸铁。此外，它还作为保温炉使用。目前，工频感应电炉已代替冲天炉成为铸造生产方面的主要设备。与冲天炉相比，工频感应电炉具有铁水成分和温度易于控制、铸件中的气体与夹杂物的含量低、不污染环境、节约能源和改善了劳动条件等许多优点。因此，近年来工频感应电炉得到迅速发展。

2）工频感应电炉加热原理。工频感应电炉工作原理是电磁感应定律的具体应用，即给感应线圈通一交变电源时就产生一交变磁通，此磁通交链着坩埚中的金属炉料，于是在炉料中引起感应电动势。由于炉料系统导体呈闭合回路，在该电动势的作用下产生很强的感应电流。当直流电流通过导线时，电流在导线截面的分布是均匀的；导线通过交流电流时，电流在导线截面的分布是不均匀的；中心处电流密度小，而靠近表面电流密度大。由于电流的这种趋表效应，使强大的电流又沿炉料表层流过，产生大量的热量。

3）工频感应电炉的结构：

①无芯工频感应电炉的基本结构。无芯工频感应电炉的炉体结构如图 2-30 所示。它由坩埚、感应圈、磁性轭铁和其它有关部分组成。

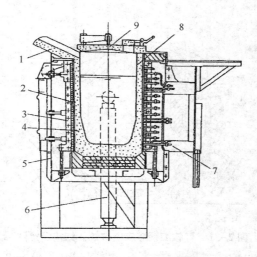

图 2-30　无芯工频感应电炉炉体结构示意图
1—出铁槽；2—感应图；3—磁性轭铁；4—坩埚；5—支架；
6—倾转机构；7—水电引入系统；8—坩埚铁模；9—炉盖

A. 坩埚：坩埚分酸性坩埚和碱性坩埚。酸性坩埚由硅砂和硼酸，经磁选并去除杂质，按一定配比混制均匀后打结而成。碱性坩埚由烧结镁砂、烧结镁砂粉和卤水按一定配比而成。

修筑坩埚时，先在感应圈内壁放置玻璃丝布和石棉纸板等绝缘与绝热材料，然后捣炉底，并在捣成的炉底上放置由钢板焊成的坩埚铁模，再逐层捣实坩埚壁。用干捣法打结成的坩埚炉衬，需经过烘炉与烧结后才能用于熔化。烘炉一般采用电烘，即在空载情况下供电，使坩埚铁模逐渐升温；它既不熔化，也不软化，但能使炉衬水分逐渐均匀地蒸发。

B. 感应圈：感应圈由截面为圆形、矩形或其它形状的空心紫铜管制成。

C. 磁性轭铁：磁性轭铁亦称磁轭或轭铁，由 0.35mm 或 0.5mm 厚的硅钢片叠成，起辅助导磁作用，以加强功率传递。这是无芯工频感应电炉的特有部件。轭铁通常分为 6~12 组，兼起支架作用，用以紧固感应圈，简化炉架结构。其截面大小取决于感应圈的每匝电压值，且截面宽度大于厚度，以利于沿炉子周向较为均匀地引导磁力线。

以上是无芯工频感应电炉的三个主要组成部分，其余组成部分如图 2-30 所示。

②有芯工频感应电炉的基本结构。有芯工频感应电炉的炉体结构如图 2-31 所示。这座炉子有两个熔沟和与其相应的感应圈。一般小炉子只有一条熔沟。所谓熔沟，实际上就是一条环绕感应圈的金属通道。它由作为开炉起熔金属的金属模形成。熔沟中的铁液温度一般要比炉膛高 100~200℃，且还承受电磁压缩作用和电动力作用，因其内壁不断受到铁液和炉渣的冲刷侵蚀，故对熔沟耐火材料要求很高，而熔沟的寿命比炉膛仍然要低得多。所以，有芯炉的感应器与熔沟一般可以单独拆换。有芯炉的感应圈也用空心紫铜管绕制，中间通水冷却，套在铁芯柱上，并用绝缘套筒与铁芯隔开，线圈外面还套有不锈钢水套，以隔绝来自熔沟的热量。

4）工频感应电炉的熔炼特点：

①操作特点：

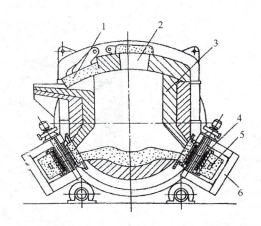

图 2-31 有芯工频感应电炉炉体结构示意图

1—出铁口差；2—加料口；3—炉体；4—感应圈；5—熔沟；6—铁芯

A. 烘炉：无芯炉借助于坩埚铁模通电烘炉，有芯炉则需用煤气或其它外加燃料烘炉。炉衬必须缓慢加热烘烤，并保证彻底烘透而又不开裂。

B. 加料：冷炉开炉时，无芯炉应先加与坩埚内径相近的大块金属料作为开炉块，然后加入熔点较低而元素烧损较少的炉料，再加其它炉料（合金材料大多在最后入炉）。有芯炉在冷炉开炉时最好直接加入铁液，或块度小而熔点低的炉料。热炉子开炉最好留有 $1/3 \sim 1/4$ 炉的铁液启熔。

C. 供电：先低压供电，以预热炉料，然后提高供电功率，至铁液温度符合要求后，或停电扒渣出炉，或降低供电压进行保温。这种炉子的铁液温度可较为精确地进行控制和调节。

②铁液成分的变化：

A. 碳、硅含量变化：工频感应电炉大多采用酸性炉衬。当铁液温度超过 C-Si-O 系的平衡临界温度时，炉衬中的 SiO_2 将被铁液中的碳还原，使铁液脱碳增硅，从而使碳当量减少，炉衬侵蚀加剧。实践表明，当铁液在 1400℃ 以上保温时，就可能出现上述现象。温度越高，保温时间越长，铁液脱碳增硅就越强烈。工频炉熔炼可锻铸铁时的炉衬侵蚀要比熔炼高温要求的球墨铸铁时小。

B. 锰的变化：在酸性炉中，锰一般是烧损的，但烧损量不大，约 5%。

C. 磷、硫含量的变化：磷、硫一般没有变化，但通过炉内加入碳化钙脱硫，可将铁液含硫量降低至 0.01% 以下。

此外，炉内补加的合金元素一般烧损也较小。所以，工频炉铁液的化学成分能够较精确地达到预定的要求；但由于炉渣不能感应发热，渣温较低，故工频炉的冶金性能较差。

③铁液质量：

A. 温度成分均匀：金属熔化后，由一次磁力线产生的二次磁场，与铁液中的感应电流相互作用，产生由坩埚中心向上面后分向两壁的电磁力。功率越大，频率越低，与感应圈相对的铁液面积越小，电磁力就越大。因此，工频炉的这种电磁搅拌力比高频炉与中频炉大。铁液的强力搅拌使成分与温度均匀。但与此同时，铁液中的杂质往往不易上浮去除，因而炉料应尽量洁净。

B. 铁液白口倾向大：与冲天炉铁液相比，工频炉铁液的白口倾向大，易于产生过冷石墨，所得铸铁的强度与硬度较高。当碳当量相同时，工频炉铸铁的石墨化碳量比冲天炉铸铁的低。产生这种现象的原因尚在研究中。有的将其归因于铁液保温期间含氮量的增加，有的认为主要是铁液含氧量降低，也有的用晶核在保温期间熔融消失来解释。经对比测定，冲天炉铁液的含氧量为 $20\times10^{-6} \sim 50\times10^{-6}$，工频炉铁液则在 10×10^{-6} 以下。此降低的氧量，消耗于对碳和硅的氧化；硅氧化成的 SiO_2，又被碳还原，从而导致可能作为结晶核心的 C 与 SiO_2 减少，铁液的过冷倾向增大。

总的来说，用工频感应电炉熔炼铸铁，可以准确地控制和调节铁液的温度与成分，获得纯度较高的低硫铁液，熔炼烧损少，噪声和污染小而且可以充分利用各种废切屑和废料，大块炉料可整块入炉重熔，所以有很大的优越性，工频感应电炉的发展十分迅速。随着电力工业的发展，工频感应电炉在铸铁熔炼中的应用将更为广泛。

5）冲天炉与工频感应电炉双联。这种双联方式旨在进一步提高冲天炉铁液温度，调整铁液的化学成分。冲天炉与工频感应电炉通常用溜槽直接连接。在大量流水生产中，工频炉铁液往往还转入浇注炉进行保温与自动浇注。为使生产能均衡地进行，工频炉的容量应按冲天炉熔化率和熔炼工作制度决定。双联熔炼是以较低的能量耗费，获得高温优质铁液的行之有效的铸铁熔炼方法。这种方法目前正在国内外迅速发展。

三、铸造合金的浇注

将液体金属浇入铸型中的过程，称浇注。

1. 浇包

铸铁用的浇包，多采用比铸铝浇包厚一些的钢板焊成，并在内部搪上耐火材料。

2. 扒渣

出炉后的金属液，应在包内静置片刻，让气体与浮渣更好上浮，并在液面上撒上除渣剂，便于扒除熔渣。

3. 浇注温度

浇注温度对铸件质量影响很大，如浇注温度过低，金属流动性不好，容易产生冷隔和浇不足；过高，会使铸件产生粘砂、缩孔、裂纹、晶粒粗大等缺陷。浇注温度应按铸件壁厚而定。一般采用出炉温度高一点，而浇注时在保证铁液有足够流动性的前提下，温度尽可能低一点的原则。

4. 浇注速度

浇注速度快，金属易充满铸型。但太快，对铸型冲击力大，易冲砂，造成砂眼，并易卷入气体造成气孔；太慢，则会造成浇不足、冷隔等。在生产中对薄壁铸件应采用快速浇注；厚壁铸件可按慢—快—慢的原则浇注。

5. 浇注

浇注时应注意挡渣，并避免金属流中断。浇注一开始应立即点燃铸型中排出的 CO 及其它气体。浇口杯最好一直保持充满状态。

6. 测温

出炉与浇注均应测温。

铸铝用插入式热电偶（镍铬丝组，最高温度1100℃）直接测温。铸铁也可用插入式热电偶（双铂锗丝，最高温度可达2000℃）直接测温，也可用光学高温计。

7. 其它注意事项

精炼过的铝液，应在40min内浇注完毕，如超过时间，则重新精炼。铸铁要控制炉料，以免搞错牌号，使铸件产生白口或强度不足等。

第三节 铸件的清理、检验及其主要缺陷

一、清理

待金属凝固完毕，冷却到一定温度后，可将毛坯从铸型中取出，敲落型芯，去除浇冒口，清除粘附在铸件表面的砂粒和披缝、毛刺等。这些统称清理。

1. 落砂

铸件从铸型中取出、除去芯砂与芯骨的工作称为落砂（或出砂）。一般打箱时间按铸件大小而定。对收缩时受铸型或型芯阻碍的铸件，应早些打开砂箱、打断芯骨或挖松局部受阻部分的型砂。

2. 去除浇冒口

铸铁没有韧性，可用锤子敲下来；铸铝可用手锯或带锯切除。

3. 清除表面粘砂

轻者可用钢丝刷。铸铁、铸钢表面粘砂较为严重，需用滚筒、喷丸等方法去除。

4. 去除毛刺与披缝

可用錾子、风錾或砂轮清除。

二、检验

砂型铸造工序繁多，连贯性强，每道工序都存在着造成缺陷的可能。因此，铸件在落砂后应进行初步检查，如有明显缺陷时应立即决定是否报废或需要修补，分别存放。清理后的铸件要仔细检查。

三、常见的铸造缺陷

常见的铸造缺陷有缩孔、缩松、砂眼、夹砂、气孔、铸造内应力、变形、裂纹等，如表2-3所示。

表2-3 常见的铸造缺陷及其产生的原因

名称与图示	产生的原因	名称与图示	产生的原因
气孔 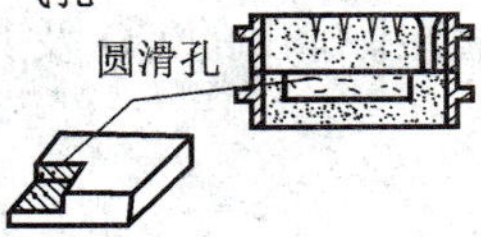 圆滑孔	1. 捣砂太紧，型砂透气性差 2. 起模、修型刷水过多 3. 型芯气孔堵塞或未干透 4. 金属溶解气体太多	粘砂 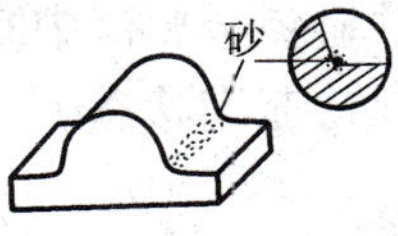 砂	1. 型砂与芯砂耐火性差 2. 砂粒太大，金属液渗入表面 3. 温度太高 4. 铁液中碱性氧化物过多

名称与图示	产生的原因	名称与图示	产生的原因
砂眼 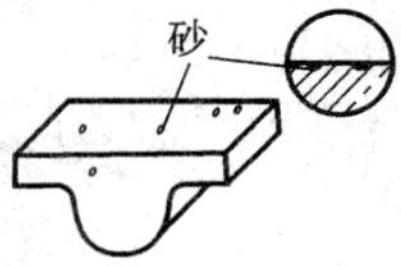 砂	1. 造型时浮砂未吹净 2. 型砂强度不够，被铁液冲坏 3. 捣砂太松 4. 合箱时，砂型局部损坏 5. 内浇道冲着型芯	夹砂  砂型　分层的砂壳 液态金属 鼓起的砂壳	1. 铸件结构不合理 2. 型砂黏土或水过多 3. 浇注温度太高 4. 浇注速度太慢，砂型受高温烘烤开裂翘起，铁水渗入开裂的砂层
渣眼 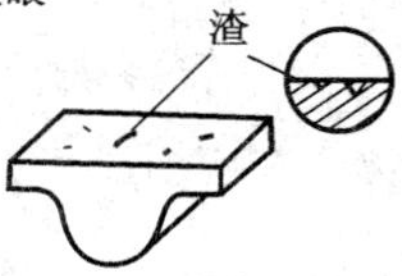 渣	1. 浇注时，挡渣不良 2. 浇注系统挡渣不良 3. 浇注温度过低，渣未上浮	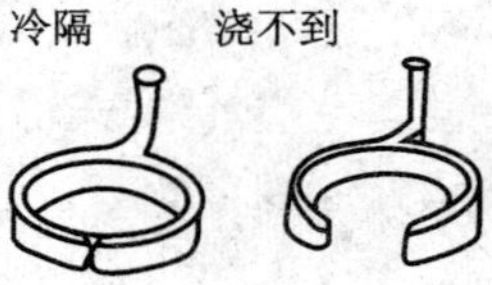 冷隔　浇不到	1. 浇注温度太低 2. 浇注速度过慢或曾中断 3. 浇注位置不当，浇口太小 4. 铸件太薄 5. 铸型太湿，或有缺口 6. 包内铁液不够
铁粒 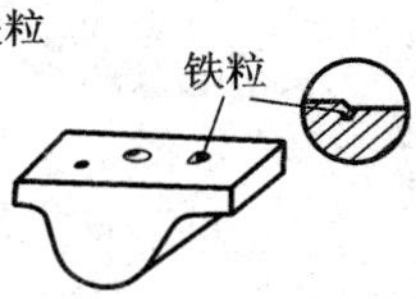 铁粒	1. 浇注时，铁液流中断产生飞溅形成铁粒，而后浇注又被带入铸型 2. 直浇道太高，浇注时，金属液从高处落下，引起飞溅	缩孔 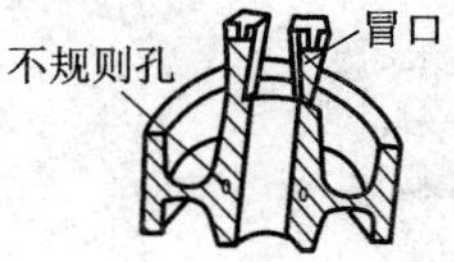 不规则孔　冒口	1. 铸件结构不合理，壁薄厚不均 2. 浇冒口位置不当，冒口太小未能顺利凝固 3. 浇注温度太高 4. 合金成分不对，收缩过大
裂纹 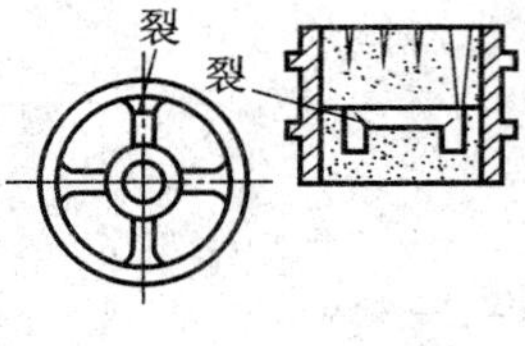 裂 裂	1. 铸件结构不合理，薄厚差别大，并急剧过渡 2. 浇口位置不当 3. 型砂退让性差 4. 捣砂太紧，阻碍收缩 5. 合金成分不对，收缩大	错型 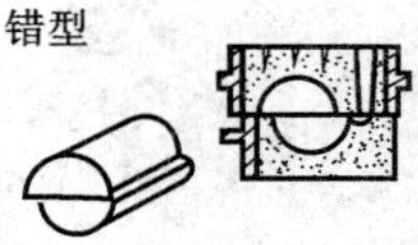	1. 合箱时未对准 2. 定位销或泥号不准
变形 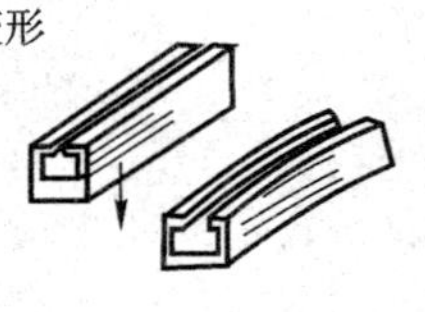	1. 铸件结构不合理，壁厚差过大 2. 金属冷却时，温度不均匀 3. 打箱过早	偏芯 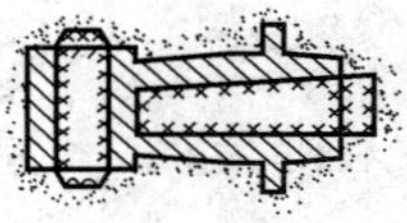	1. 型芯变形 2. 下芯时放偏 3. 下芯时未固定好，被冲偏 4. 设计不良——型芯悬臂太长

复习思考题

1. 何谓铸造？
2. 砂型铸造的生产过程如何？
3. 型（芯）砂应具备什么性能？它们与铸件质量有何关系？
4. 一般浇注系统由哪几部分组成？各部分有何作用？
5. 开设内浇道时应注意哪些问题？
6. 砂芯的作用是什么？对砂芯有哪些技术要求？
7. 常见的铸件缺陷有哪些？

第三章　锻　　压

金属的锻压是指金属材料的锻造和冲压，两者和材料的挤压、拉拔、轧制等工艺统称为金属材料的塑性成形。

金属塑性成形是在外力作用下使金属坯料产生塑性变形，从而获得具有一定形状、尺寸和力学性能的毛坯或零件的加工方法。

本章主要介绍锻造和冲压。

锻造根据工艺不同可分为自由锻、模锻和胎模锻。冲压一般指板料冲压。

按照所用设备和工具不同，自由锻又分为手工自由锻和机器自由锻两种；模锻又分为锤上模锻和压力机上模锻。

第一节　坯料的加热和锻件的冷却

锻造前加热坯料就是为了提高金属可锻性，也就是提高塑性，降低变形抗力，从而实现用较小的力使坯料产生较大的塑性变形而不被破坏的目的。

一、加热设备

目前，我国常用的锻造加热设备主要有油炉、煤气炉、电阻炉、感应电炉等。

1. 室式油炉及煤气炉

室式油炉和煤气炉是分别以重油和煤气为燃料的加热炉。室式油炉的结构如图 3-1 所示。压缩空气和重油分别由两个管道送入喷嘴。当空气从喷嘴喷出时，所造成的负压把重油从内管吸出，并喷成雾状。这样，重油就能与空气均匀地混合，进而迅速稳定地燃烧。煤气炉的构造与室式重油炉基本相同，主要区别是喷嘴的结构不同。

2. 电阻炉

电阻炉是利用电阻热为热源的加热炉，分为中温电阻炉（加热器为电阻丝，最高使用温度为 1100℃）和高温电阻炉（加热器为硅碳棒，最高使用温度为 1600℃）两种。图 3-2 为常用箱式电阻炉结构示意图。

电阻炉操作简便，控温准确，且可通入保护性气体控制炉内气氛，以防止或减少工件加热时的氧化，主要用于精密锻造及高合金钢、有色金属的加热。

3. 感应电炉

感应电炉是将工件放入感应圈内，利用工件内部感应电流产生的电阻热加热工件的设备。它加热快，零件表面不易氧化、脱碳，温度易于控制，可实现自动化操作，适于大批量生产。

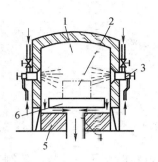 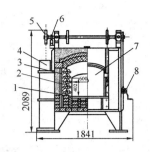

图 3-1　室式重油炉的结构示意图　　　　图 3-2　箱式电阻炉的结构示意图

1—炉膛；2—炉门　3—喷嘴　　　　　1—炉底板；2—电热元件；3—炉衬；4—配重；

4—烟道；5—炉底；6—坯料　　　　　5—炉门升降机构；6—限位开关；7—炉门；8—手摇链轮

二、钢的加热缺陷及防止

钢在加热过程中可能产生氧化、脱碳、过热、过烧、变形、开裂等缺陷。

1. 氧化和脱碳

钢在加热时，表面将发生氧化，形成一层氧化皮，这在工艺上称为火耗损失。一般每加热一次，工件的火耗损失为 2%~3%。

钢在加热时，由于表层碳被烧掉而使含碳量降低的现象叫做脱碳。一般情况下，脱碳层可在机械加工时被切削掉，不影响零件的使用性能。减少氧化和脱碳的措施有：严格控制送风量；快速加热；采用真空加热法或保护气氛加热法等。

2. 过热和过烧

钢在加热时，因加热温度过高或在高温下保温过久，导致晶粒显著粗化的现象叫做过热。过热的钢，可通过重新加热后锻造或热处理的方法使其晶粒细化而得到纠正。

把钢加热到接近熔点，致使炉气中的氧离子渗入，导致晶界被氧化的现象叫做过烧。过烧的坯料一打即碎，是无法挽回的废品。为此，钢的加热温度至少应低于熔点 100℃。

3. 变形和开裂

变形和开裂是坯料在加热过程中，由于各部分存在较大温差膨胀不一致而产生的。低碳钢和中碳钢导热性好、塑性好，一般不易开裂。高碳钢、高合金钢或尺寸较大、形状复杂的坯料开裂倾向较大，应注意装炉温度不宜过高，加热速度不宜过快。

三、锻造温度范围

金属材料开始锻造的温度称为该材料的始锻温度。始锻温度以坯料不产生过热、过烧为限，一般低于熔点 100~200℃。

金属材料停止锻造的温度称为该材料的终锻温度。在锻造过程中，随着温度的下降，材料的塑性越来越差，变形抗力越来越大。当温度降至终锻温度时必须停止锻造，否则，不仅坯料的变形抗力大，而且易于产生裂纹等缺陷。

从始锻温度至终锻温度的温度区间称为锻造温度范围。几种常用材料的锻造温度范围如表 3-1 所示。锻造时坯料的温度可用仪表测量，也可用观察金属火色的方法来大致判断。

表 3-1　常用材料的锻造温度范围

材料种类	始锻温度/℃	终锻温度/℃
低碳钢	1200~1250	800
中碳钢	1150~1200	800
合金结构钢	1100~1180	850
铝合金	450~500	350~380
铜合金	800~900	650~700

四、锻件的冷却

锻件的冷却也是保证锻件质量的重要环节，常用的冷却方法有三种：

1）空冷：锻件在无风的空气中放于干燥的地面上冷却。

2）坑（箱）冷：锻件在充填导热性较差或绝热材料（如黄砂、石灰、石棉等）的地坑（或铁箱）中冷却。这是一种冷却速度较慢的方法。

3）炉冷：锻件在 500~700℃ 的加热炉中随炉冷却。这是一种最缓慢的冷却方法。

一般地，锻件材料的含碳量及合金元素的含量越高、体积越大、形状越复杂，冷却速度越缓慢。冷却速度过快，锻件各部分温差过大，收缩不均匀，会导致锻件变形、表面过硬甚至开裂，造成废品。

第二节　自由锻造

将坯料置于铁砧上或锻造机械的上、下砧铁之间受力而产生塑性变形的工艺称为自由锻造。因坯料变形时仅有少部分金属受限制，而大部分金属可自由流动而得名。

自由锻造使用的是通用工具，灵活性高，适合单件小批和大型锻件的生产，但锻件的精度低、生产率低。

自由锻造分为手工自由锻造和机器自由锻造两种。

一、手工自由锻造

手工锻造工具根据功用可分为基本工具、辅助工具和测量工具三类。

1）基本工具按功用可分为支持工具、打击工具和成形工具三类。

① 支持工具：是锻造过程中用来支持坯料承受打击并安放其它用具的工具，如铁砧，其多用铸钢制成，质量为 100~150kg，其主要形式如图 3-3 所示。

② 打击工具：是锻造过程中产生打击力并作用于坯料上使之变形的工具，如大锤、手锤等。它们一般用碳素工具钢制造，质量分别为 3.6~7.2kg 和 0.67~0.9kg。

③ 成形工具：是锻造过程中直接与坯料接触，并使之变形而达到所要求形状的工具，如图 3-4 所示冲孔用的冲子和图 3-5 所示修光外圆面用的摔子等。

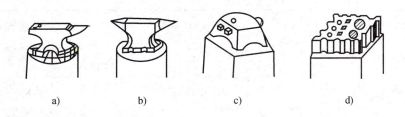

a) b) c) d)

图 3-3 铁砧

a 羊角砧；b) 双角砧；c) 球面砧；d) 花砧

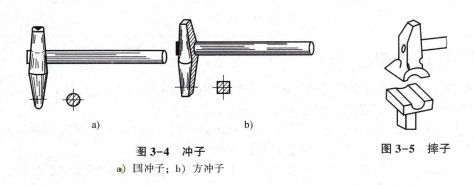

a) b)

图 3-4 冲子 图 3-5 摔子

a) 圆冲子；b) 方冲子

2）辅助工具：用来夹寺、翻转和移动坯料的工具，如钳子等。

3）测量工具：用来测量坯料和锻件尺寸或形状的工具，如钢直尺、卡钳、样板等。

二、掌钳和打锤

手工自由锻一般由两人互相配合完成，其中一人掌钳，另一人打锤。

1. 掌钳

掌钳工站在铁砧后面，左脚稍向前，用左手掌钳，右手操手锤。在锻造过程中，掌钳工左手用钳子夹持并不断反转和移动坯料，右手用挥动手锤的方法指示大锤的落点和打击的轻重。手锤一般不作为变形的工具使用。

2. 打锤

锻造时，打锤工应听从掌钳工的指挥，捶打的轻重和落点由手锤指示。打锤有抱打、轮打和横打三种。使用抱打时，在打击坯料的瞬间，能利用坯料对锤的弹力使举锤较为省力；轮打时打击速度快，锤击力大；只有当锤击面处于与砧面垂直位置时，才能使用横打法。

三、机器自由锻

机器自由锻所使用的设备分为自由锻锤和水压机两大类。自由锻锤有空气锤、蒸汽-空气锤、夹板锤、弹簧锤等多种，其中空气锤是目前中小型工厂中应用最广泛的通用设备。

空气锤是依靠电机驱动产生的压缩空气来推动下落部分对坯料作功的，由锤身、压缩

缸、工作缸、传动机构、配气机构、下落部分及砧座等部分组成，如图 3-6 所示。电动机 7
通过传动机构带动压缩活塞 15 在压缩缸内作往复运动，产生压缩空气。操作者通过操纵配
气机构手柄 4（或脚踏杆 8）使上、下旋阀 2 处于不同位置，从而使压缩空气沿不同气路从
压缩缸进入工作缸 1 或排至大气，从而实现空转、上悬、下压、连续打击、断续打击等五个
基本动作。

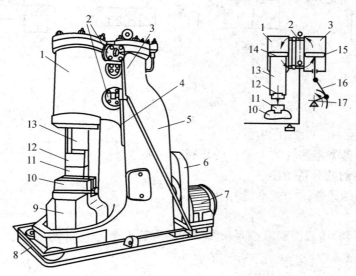

图 3-6　空气锤
1—工作缸；2—旋阀；3—压缩缸；4—手柄；5—锤身；6—减速器；7—电动机；
8—脚踏杆；9—砧座；10—砧垫；11—下砧；12—上砧；13—锤头；
14—工作活塞；15—压缩活塞；16—连杆；17—曲柄

　　空气锤的规格是以下落部分的总质量（kg）表示的。锻锤的打击力（N）大约是下落部
分重力的 100 倍。例如 65kg 空气锤，是指它的下落部分总质量为 65kg，折算成重力约
650N，那么打击力大约为 $6.5×10^4$N。常用空气锤的规格为 65~750kg。

四、自由锻造的基本工序及其操作

　　无论何种形状的自由锻件，都是运用基本工序，使加热后的坯料在上、下砧铁之间变形
而得到的。只是有时为了限制金属向某些方向变形，才采用一些简单的通用工具。
　　自由锻造的基本工序有镦粗、拔长、冲孔、弯曲、扭转、错移、切割等，其中前三种应
用最多。

1. 镦粗
镦粗是使坯料截面积增大、高度减小的锻造工序。
（1）镦粗的种类
1）完全镦粗：是坯料沿全高缩短的镦粗，如图 3-7a 所示。
2）中间镦粗：是坯料中间部位缩短的镦粗，使用漏盘的中间镦粗法如图 3-7b 所示。
3）端部镦粗：通常在漏盘上或胎模内进行，如图 3-7c 所示。
4）展平镦粗：是盘类坯料沿圆周方向的延展，如图 3-7d 所示。

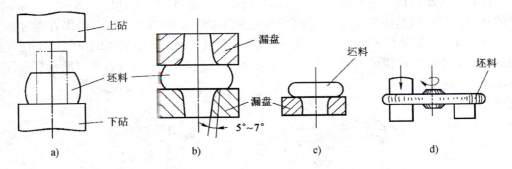

图 3-7 镦粗

a) 完全镦粗；b) 中间镦粗；c) 端部镦粗；d) 展平镦粗

（2）镦粗的应用

1）制造饼、盘类零件（如齿轮）的坯料。

2）作为冲孔前的准备工序。

3）增加拔长的锻造比（变形量）。

2. 拔长

拔长是使坯料的横截面积减小而长度增加的锻造工序。

（1）拔长的种类

1）实体拔长：如图 3-8a 所示。

2）带芯轴拔长：是减小空心坯料的壁厚和外径，增加其长度的拔长，如图 3-8b 所示。

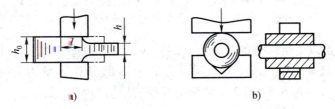

图 3-8 拔长

a) 实体拔长；b) 带芯轴拔长

（2）拔长的应用

1）锻造长轴线的锻件，如轴等。

2）锻造空心件，如圆环、套筒等。

3. 冲孔

冲孔是在坯料上锻出通孔或不通孔的锻造工序。冲孔的种类如下：

1）空心冲头冲孔：用于冲制直径大于 400mm 的孔，多在水压机上进行。

2）实心冲头单面冲孔：在坯料高度和孔径比值小于 0.125 时使用。其方法是坯料放在漏盘上，使用大端朝下的实心冲头冲下芯料，如图 3-9 所示。

3）实心冲头双面冲孔：不受坯料厚度限制。一般先冲深至坯料厚度的 2/3~3/4，然后翻转锻件，将孔冲透，如图 3-10 所示。

4. 弯曲

弯曲是使坯料弯成一定角度或形状的锻造工序，如图 3-11 所示。

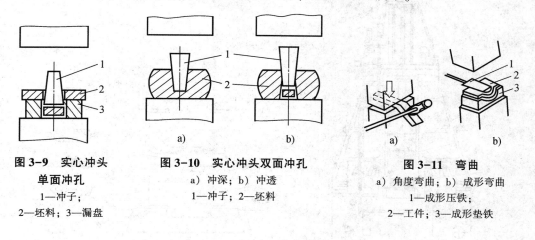

图 3-9　实心冲头
单面冲孔

1—冲子；

2—坯料；3—漏盘

图 3-10　实心冲头双面冲孔

a) 冲深；b) 冲透

1—冲子；2—坯料

图 3-11　弯曲

a) 角度弯曲；b) 成形弯曲

1—成形压铁；

2—工件；3—成形垫铁

第三节　模锻和胎模锻

将加热后的金属坯料放入锻模内，施加冲击力或压力，迫使坯料在模膛所限制的空间内产生塑性变形，从而获得所要求的形状和尺寸锻件的锻造方法称为模锻。

模锻可在模锻锤、曲柄压力机、摩擦压力机及平锻机等专用模锻设备上进行，也可在自由锻锤上进行。

一、锤上模锻

在模锻锤上进行的模锻称为锤上模锻，它是应用最多的模锻方法。

模锻锤的结构如图 3-12 所示。它的砧座 1 比自由锻锤大得多，通常是下落部分质量的 20~25 倍，且与锤身 7 相连在一起。锤头 5 装在两条导轨之间，且有一定的配合精度。锤击时，导轨对锤头起导向作用，保证锤头的运动精度。

模锻工作情况如图 3-13 所示。上模和下模分别安装在锤头和砧座的燕尾槽内，用楔铁来调整位置并紧固。在终锻模的分模面上，沿模槽边缘制有飞边槽。通常坯料的体积稍大于锻件。终锻时，多余的金属被挤出模膛，留在飞边槽内形成飞边。这样做有利于金属充满模膛，防止锻件尺寸不足。带孔锻件的孔不能直接锻出，总要留下一定厚度的冲孔连皮，锻后再和飞边一起用切模切去。

模锻的生产率和锻件的精度远比自由锻高，且锻件的形状可较复杂，更接近于零件，是一种先进的锻造方法。但模锻必须用较大吨位的设备，模具制造成本高，所以只在大批量生产过程中采用。

二、胎模锻

胎模锻是介于自由锻和模锻之间的一种锻造方法，也是在自由锻锤上用简单的模具生产锻件的一种常用的锻造方法。锻造时，胎模不固定在砧座和锤头上。

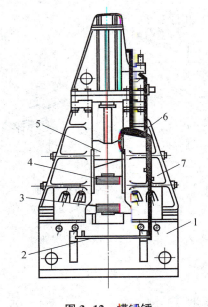

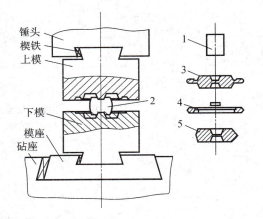

图 3-12　模锻锤

1—砧座；2—踏杆；3—下模；4—上模；
5—锤头；6—操纵机构；7—锤身

图 3-13　模锻工作示意图

1—坯料；2—锻造中的坯料；3—带飞边和连皮的锻件；4—飞边和连皮；5—锻件

胎模按照结构形式不同可分为：扣模、弯曲模、套筒模及合模四种，如图 3-14 所示。

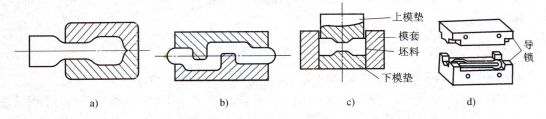

a)　　　　　　　b)　　　　　　　c)　　　　　　　d)

图 3-14　胎模的结构形式

a) 扣模；b) 弯曲模；c) 套筒模；d) 合模

胎模锻件的尺寸精度和生产率比自由锻高，且胎模的制造成本较低，因而在中小批量生产中广泛应用。但由于坯料在模具中成形，变形抗力大，而且工人的劳动强度加大，所以胎模锻只限于小型锻件的生产。

第四节　冲　压

冲压是利用冲模对板料施加压力使其分离或变形，从而获得具有一定形状、尺寸零件的塑性成形工艺。一般冲压的板料厚度为 1~2mm，无需加热，因而又称冷冲压。

一、冲压设备

冲压设备种类很多，其中应用最多的是剪板机和曲柄压力机。

1. 剪床

剪床是按直线轮廓剪切板料的设备，其结构如图3-15所示。

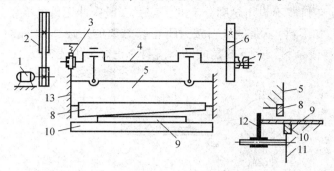

图 3-15　剪床结构及剪切示意图

1—电动机；2—带轮；3—制动器；4—曲轴；5—滑块；6—齿轮；7—离合器；
8—上刀刃；9—板料；10—下刀刃；11—工作台；12—挡铁；13—导轨

2. 冲床

冲床（曲柄压力机）是冲压加工的基本设备。开式双柱固定台冲床，如图3-16所示。冲压时将踏板踩下后，如果立即抬起，滑块6便在制动器1的作用下完成一次冲压，否则将进行连续冲压。

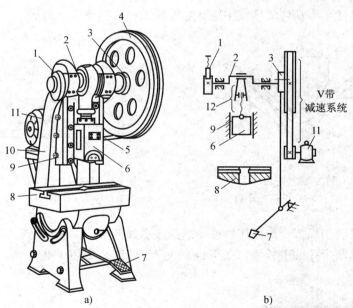

图 3-16　开式双柱固定台冲床

a）外观图；b）传动简图

1—制动器；2—曲轴；3—离合器；4—带轮；5—V 带；
6—滑块；7—踏板；8—工作台；9—导轨；10—床身；11—电机；12—连杆

二、冲压的基本工序

板料冲压的基本工序可分为分离工序和变形工序两大类。

1. 分离工序

分离工序是使坯料的一部分与另一部分互相分离的工序，包括：

1）剪切：是使坯料按不封闭轮廓分离的工序，一般作冲压件的准备工序。

2）冲裁（冲孔和落料）：是使坯料按封闭轮廓分离的工序，如图 3-17 所示。冲孔时，被冲下的部分为废料或余料，余下的是成品；落料时正好与上述相反。

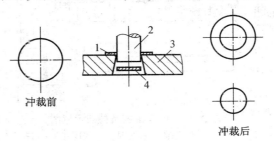

图 3-17 冲裁

1—工件；2—冲头；3—凹模；4—冲下部分

2. 变形工序

变形工序是使坯料的一部分相对于另一部分产生位移而不破坏的工序，包括：

1）弯曲：是将坯料的一部分相对于另一部分弯转成一定角度的工序，如图 3-18 所示。

2）拉深：是使平板状坯料拉成中空状零件的工序，如图 3-19 所示。

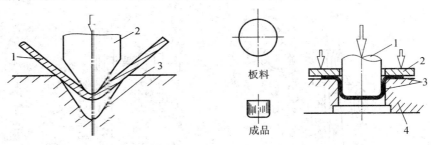

图 3-18 弯曲

1—工件；2—凸模；3—凹模

图 3-19 拉深

1—冲头；2—压板；3—工件；4—凹模

3）成形：是利用局部变形使坯料或半成品改变局部形状的工序，如图 3-20 所示。

4）翻边：是使带孔的平板坯料获得凸缘的变形工序，如图 3-21 所示。

图 3-20 成形

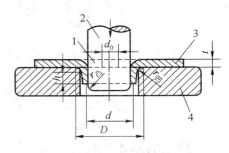

图 3-21 翻边

1—带孔坯料；2—凸模；3—成品；4—凹模

三、冲模

1. 冲模的基本构造

冲模的基本构造如图 3-22 所示。

1）模架包括上下模板 3、7 和导柱 6、导套 5。上模板 3 通过模柄 2 安装在压力机滑块的下端，下模板 7 用螺栓固定在压力机工作台上。导套 5 和导柱 6 是上下模板间的定位元件。

2）凸模 1 和凹模 9 是冲模的核心部分，边缘都磨成锋利的刃口，以便冲裁时使板料剪切分离。

3）导料板 10 和定位销 11 是用来控制条料的送进方向和进给量的元件。

4）卸料板 12 是使凸模在冲裁后与板料脱开的元件。

2. 冲模的种类

1）简单冲模：是在一次冲程中只完成一道冲压工序的冲模，如图 3-22 所示。

2）连续冲模：是在一次冲程中模具的不同部位同时完成两道或两道以上冲压工序的冲模，如图 3-23 所示。

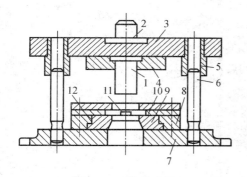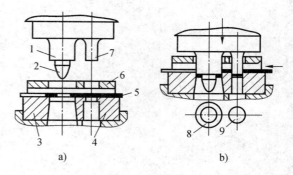

图 3-22　简单冲模

1—凸模；2—模柄；3—上模板；4、8—压板；5—导套；6—导柱；7—下模板；9—凹模；10—导料板；11—定位销；12—卸料板

图 3-23　连续冲模

a）冲压前；b）冲压时

1—落料凸模；2—定位销；3—落料凹模；4—冲孔凹模；5—条料；6—卸料板；7—冲孔凸模；8—成品；9—废料

3）复合冲模：是在一次冲程中模具的同一部位连续完成两道或两道以上冲压工序的冲模。落料和拉深的复合冲模如图 3-24 所示。

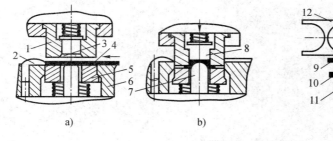

图 3-24　落料及拉深的复合冲模

a）工作前；b）工作中；c）落料及拉深件的成形过程

1—落料凸模；2—挡料销；3—拉深凹模；4—条料；5—压板（卸料器）；6—落料凹模；7—拉深凸模；8—顶出销；9—落料成品；10—开始拉深件；11—拉深成品件；12—废品

复习思考题

1. 锻造前加热坯料的目的是什么？

2. 常用加热设备有哪些？

3. 什么是始锻温度、终锻温度和锻造温度范围？对于中碳钢，它们分别是多少？

4. 过热和过烧的含义是什么？对锻件质量有何影响？如何防止和消除？

5. 什么叫自由锻？有哪些基本工序？

6. 空气锤由哪几部分构成？各部分的作用是什么？空气锤能实现哪五个动作？它的吨位如何确定？打击力大约是多少？

7. 与自由锻相比模锻有哪些优缺点？

8. 冲压的基本工序有哪些？

9. 冲模的基本结构有哪些？它们各起什么作用？冲模有几种？

第四章 焊 接

第一节 概 述

焊接是通过加热或加压或两者并用，使用或不使用填充材料，使被焊工件之间达到原子间结合，形成永久性连接的加工方法。焊接是现代制造技术中重要的金属连接方法，在国民经济中占有重要地位。焊接结构件在铁路、桥梁、汽车、船舶、航空航天等领域中有广泛的应用。

焊接方法有多种，按焊接过程的工艺特点可分为熔化焊、压力焊和钎焊三大类。

熔化焊是利用局部加热，把工件待焊处熔化，互相熔合，冷却结晶形成牢固接头的焊接方法。熔化焊适用于各种常用金属材料的焊接，是现代工业生产中最重要的焊接方法。电弧焊、气焊、电渣焊等都属于熔化焊。

压力焊是通过施加压力（或同时加热），使焊件结合面达到塑性变形或半熔化状态以完成焊接的方法。常用压力焊有摩擦焊、电阻焊等。

钎焊是利用比母材（指被连接的焊件材料）熔点低的金属材料作钎料，将焊件和钎料加热到高于钎料熔点、低于母材熔点的温度，利用液态钎料润湿母材，填充接头间隙，并与母材相互扩散实现连接焊件的方法。锡焊、铜焊等属于钎焊。

熔化焊的焊接接头如图4-1所示，包括焊缝金属、熔合区和热影响区。焊缝各部分的名称如图4-2所示。焊缝表面上的鱼鳞状波纹称为焊波；焊缝表面与母材的交界处称为焊趾，超出母材表面焊趾连线上面的那部分焊缝金属的高度，称为余高；单道焊缝横截面中两焊趾之间的距离，称为焊缝宽度，又称为熔宽；在焊接接头横截面上，母材熔化的深度称为熔深。

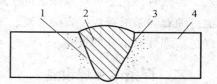

图4-1 熔化焊焊接接头
1—热影响区；2—焊缝金属；
3—熔合区；4—母材

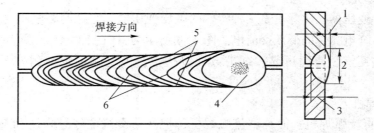

图4-2 焊缝各部分名称
1—余高；2—熔宽；3—熔深；4—弧坑；5—焊趾；6—焊波

第二节　焊条电弧焊

焊条电弧焊是利用电弧产生的热量熔化局部母材和焊条的一种手工操作的焊接方法，如图4-3所示。它的优点是设备简单、灵活方便，适用于各种位置或各种形式的焊缝，缺点是焊接质量不稳定、劳动强度大、生产效率低、有弧光和烟尘污染等。

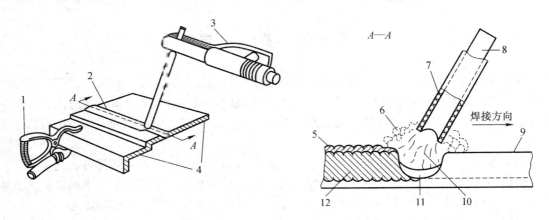

图4-3　焊条电弧焊焊接过程示意图

1—地线夹头；2，12—焊缝金属；3—焊钳；4—焊件；5—焊渣；6—保护气；
7—药皮；8—焊芯；9—母材；10—电弧；11—熔池

一、焊接过程

焊接时，在工件与焊条之间引燃电弧，电弧热使焊条与局部受热的母材金属熔化形成熔池。随着焊条沿着焊接方向移动，电弧前移，熔池后方的液态金属逐渐冷却、结晶，形成焊缝，实现分离工件的焊接。

二、焊条电弧焊设备

焊条电弧焊设备是供给焊接电弧燃烧的电源，又称焊接电源。根据焊接电流性质的不同，分为交流弧焊机和直流弧焊机两类。

1. 交流弧焊机

又称为弧焊变压器，实际上是一种特殊的降压变压器。它把网路电压（220V 或 380V）的交流电变成适合电弧焊的低压交流电。图4-4所示为BX1-330交流弧焊机外形。它具有结构简单、价格便宜、使用可靠、维护方便等优点，但电弧稳定性稍差，某些焊条不能应用。

2. 直流弧焊机

1）整流式直流弧焊机：简称整流弧焊机，把网路交流电经过降压和整流后获得直流电，它具有结构较简单、制造方便、空载损耗小、噪声小等优点。图4-5所示为一种常用的整流弧焊机的外形。

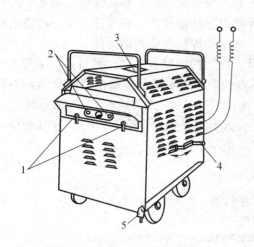 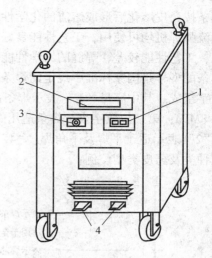

图 4-4　BX1-330 交流弧焊机
1—电源开关；2—电流指示；
3—电流调节；4—输出接头

图 4-5　整流弧焊机
1—电源开关；2—电流指示；
3—电流调节；4—输出接头

2）逆变式直流弧焊机：又称弧焊逆变器，把单相（或三相）交流电整流后，由逆变器把直流电转变成为几百至几万赫兹的中频交流电，经降压、整流后获得直流电。整个过程由电子电路控制，它具有高效节能、质量轻、体积小、功率因数高、焊接性能好等优点，可应用于各种弧焊方法。目前，它取代传统的弧焊电源，成为一种很有发展前景的新型弧焊电源。逆变式直流弧焊机的工作原理如图 4-6 所示。

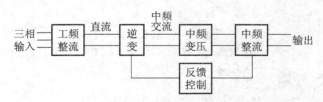

图 4-6　逆变式直流弧焊机基本工作原理图

三、焊条

焊条电弧焊采用的焊条由药皮和焊芯两部分组成，如图 4-7 所示。焊芯作为焊接电极，传导焊接电流，产生电弧，焊芯熔化后作为焊缝的填充金属。焊芯的化学成分直接影响焊缝质量，通常由含碳、硫、磷较低的专用优质低碳钢丝制成。药皮是指由矿物质、有机物、铁合金等粉末和水玻璃按一定比例配制后包覆于焊芯表面的物质，其作用是机械保护，冶金处理和改善焊接工艺性能。

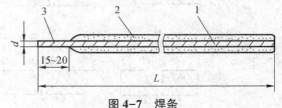

图 4-7　焊条
1—焊芯；2—药皮；3—焊条夹持端

焊条按用途不同分为结构钢焊条、不锈钢焊条、堆焊焊条、铸铁焊条、铜及铜合金焊条、铝及铝合金焊条、镍及镍合金焊条、钼和铬钼耐热钢焊条、低温钢焊条、特殊用途焊条等。

焊条按药皮熔化后形成熔渣的化学性质不同，分为酸性焊条和碱性焊条两类。酸性焊条交、直流弧焊机均可使用，工艺性能良好，焊缝力学性能较低。而碱性焊条一般要求用直流弧焊机，工艺性能较差，焊缝的力学性能高，常用于焊接重要的结构件。

焊条的型号是国家标准中规定的焊条代号。以结构钢焊条为例，型号是由字母"E"和四位数字组成。其中字母"E"表示焊条；前两位数字表示熔敷金属抗拉强度的最小值，单位为9.8MPa；第三位数字表示焊条适用的焊接位置，其中"0"或"1"均表示适于全位置焊接；"2"表示适于平焊及平角焊；"4"表示适于向下立焊；第三、四位数字组合表示焊接电流种类及药皮类型。例：

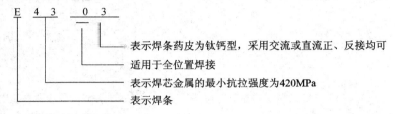

四、焊接接头的形式

常见的焊接接头形式有：对接、搭接、角接和T形接头，如图4-8所示。

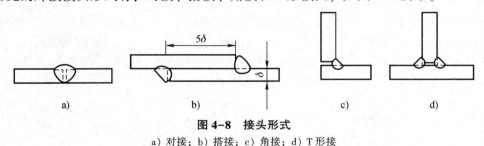

图4-8 接头形式

a) 对接；b) 搭接；c) 角接；d) T形接

五、坡口形式

为了保证焊缝质量，焊接接头必须焊透。对厚度在6mm以下的工件，只要在接头处留2mm左右的间隙即可焊透。对于较厚的工件，施焊前应把接头处加工成所需要的几何形状（称为坡口），使焊条能深入底部以保证焊透。常见的对接接头坡口形式如图4-9所示。

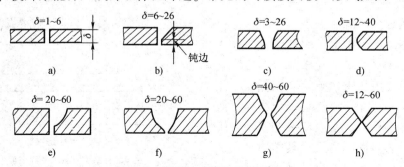

图4-9 常见的对接接头坡口形式

a) I形坡口；b) 单边V形坡口；c) V形坡口；d) K形坡口；

e) J形坡口；f) U形坡口；g) 双U形坡口；h) 双Y形坡口

六、焊缝的空间位置

根据焊缝在空间的位置不同，分为平焊、立焊、横焊和仰焊四种，如图4-10所示。

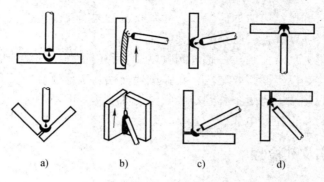

图4-10 焊接位置

a）平焊；b）立焊；c）横焊；d）仰焊

其中，平焊容易操作，劳动条件好，质量容易保证；仰焊最难焊接。

七、焊接操作要点

1. 引弧

引弧是指在焊条与工件之间产生稳定的电弧。引弧时，首先将焊条末端与焊件相接触以形成短路，然后迅速将焊条向上提起2~4cm，即可引燃电弧。常用的引弧方法有两种：敲击引弧法和摩擦引弧法（见图4-11）。引弧时，若焊条和焊件发生粘结，可将焊条左右摇动后拉开，焊条端部有药皮会妨碍导电，引弧前要敲去。

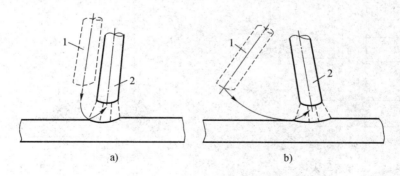

图4-11 引弧方法

a）敲击引弧法；b）摩擦引弧法

1—引弧前焊条位置；2—引弧后焊条位置

2. 运条

焊接时，焊条端部的运动叫运条。电弧引燃后继续焊接的关键在于运条。为维持电弧稳定燃烧形成良好的焊缝，运条必须保持三个方向协调动作。一是焊条向熔池方向不断送进，送进的速度应与焊条熔化的速度相适应，以维持稳定的电弧长度。二是焊条不断地横向摆动，以得到一定宽度的焊缝。三是焊条沿焊接方向移动，移动的速度叫焊接速度。焊接过程中，焊接速度应均匀适当，既要保证焊透而不烧穿，同时还要使焊缝宽度和高度符合图样设计要求。

3. 收尾

焊缝的收尾是指焊接结束时如何熄弧。如果收尾时立即拉断电弧，会产生弧坑，过深的弧坑会使收尾处焊缝强度降低，甚至产生裂纹。

常见的焊缝收尾方法有三种：一是画圈收尾法，利用手腕动作做圆周运动，直到填满弧坑后再拉断电源；二是反复断弧收尾法，在弧坑处连续几次地反复熄弧和引弧，直到填满弧坑为止；三是回焊收尾法，当焊条移到焊缝收尾处即停止，但不熄弧，仅适当地改变焊条的角度，待填满弧坑后，再拉断电弧。

八、焊接缺陷及其检验

1. 焊接缺陷

理想的焊接接头应该是：焊缝有足够的熔深、合适的熔宽及余高，焊缝与母材表面过渡平滑，弧坑饱满，力学性能合格。实际上，结构材料经过焊接加工后，常常在接头处产生金属不连续、不致密或连接不良等焊接缺陷。常见的焊接缺陷主要有以下几种：

1）焊缝外形尺寸不合要求：由于坡口尺寸不当，电流太小、焊条直径选择有误或运条不熟练等，导致焊缝高低不平、宽度不均匀、尺寸过大或过小等。

2）未焊透与未熔合：由于间隙太小、运条太快、电流过小、电弧过长或焊条未对准焊缝中心等原因，造成焊接接头根部未完全熔透，这就是未焊透缺陷。未熔合是指焊道与母材之间或焊道与焊道之间未完全熔化结合的现象，如图4-12所示。

3）咬边：由于大电流高速焊、焊条角度不对或运条方法不正确，在焊趾处出现小的沟槽，如图4-13所示。

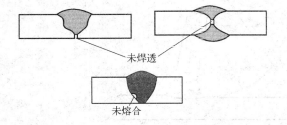

图4-12 未焊透与未熔合

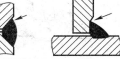

图4-13 咬边

4）气孔：指熔池中的气体在凝固前未能全部逸出而残留下来形成的空穴。焊接气孔有三种：氮气孔、氢气孔和一氧化碳气孔，主要是由于焊接接头处不干净、焊条潮湿、电弧过长或焊速过快等原因造成的。

5）裂纹：焊接裂纹是最危险的焊接缺陷，如图4-14所示。按裂纹产生的情况分为热裂纹和冷裂纹。

热裂纹是焊接接头冷却到固相线附近高温区产生的裂纹，多发生在焊缝部位，有时在热影响区也会产生，如图4-14a所示。若母材、焊条含碳、硫高，焊缝冷速太快，热裂纹的倾向就大。冷裂纹是焊接接头冷却到 200～300℃ 以下时形成的，多发生在热影响区和熔合区，如图 4-14b 所示。母材的淬硬倾向大、焊接应力过大、焊缝金属中含氢量大等，都会导致冷裂纹的产生。

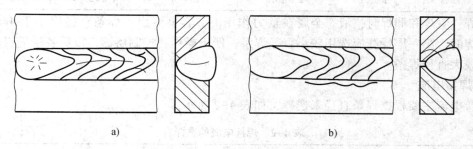

a)　　　　　　　　　　　　　b)

图 4-14　焊缝裂纹

a）热裂纹；b）冷裂纹

2. 焊接检验

焊件焊接完成后，应根据产品技术要求进行检验。生产中常用的检验方法有外观检查、密封性检验、无损探伤（包括渗透探伤、磁粉探伤、射线探伤和超声波探伤）和水压试验等。

外观检查是用肉眼观察或借助标准样板、量规等，必要时利用低倍放大镜检查焊缝表面缺陷和尺寸偏差。

密封性检验是指检查有无漏水、漏气和渗油、漏油等现象的试验。它主要用于检查不受压或压力很低的容器、管道的焊缝是否存在穿透性的缺陷，常用的方法有气密性试验、氨气试验和煤油试验等。

渗透探伤是利用带有荧光染料（荧光法）或红色染料（着色法）的渗透剂的渗透作用来检查焊接接头表面微裂纹。

磁粉探伤是通过对铁磁材料进行磁化所产生的漏磁场，检查表面微裂纹和近表面缺陷。

射线探伤和超声波探伤都用来检查焊接接头的内部缺陷，如内部裂纹、气孔、夹渣和未焊透等。

水压试验用来检查受压容器的强度和焊缝致密性。一般是超载检查，试验压力根据容器设计工作压力确定。当工作压力为 0.6～1.2MPa 时，试验压力要比工作压力大 0.3MPa；当工作压力大于 1.2MPa 时，试验压力选择工作压力的 1.25 倍。

九、焊接工艺参数

焊接工艺参数是指影响焊缝形状、大小、质量和生产率的各种工艺因素的总和。焊条电弧焊的工艺参数有：焊条直径、焊接电流、电弧电压、焊接速度、电弧长度等。为保证焊接接头质量，必须选择合适的焊接工艺参数。

1. 焊条直径

焊条直径的选择主要取决于被焊工件的厚度，如表 4-1 所示，同时考虑接头形式、焊接位置等因素。

表4-1　焊条直径选择的参考数据

工件厚度/mm	≤2	3	4~7	8~12	≥13
焊条直径/mm	1.6~2.0	2.5~3.2	3.2~4.0	4.0~5.0	4.0~5.8

横焊、立焊和仰焊时，液态金属在重力作用下，容易流出，焊条直径应小于4mm。实施多层焊时，第一层焊缝应先用较小直径焊条，便于操作和控制熔透，以后各层为提高生产率可选较大直径焊条。

2. 焊接电流

焊接电流主要根据焊条直径来选择，如表4-2所示。

表4-2　焊接电流的选择

焊条直径/mm	1.6	2.0	2.5	3.2	4.0	5.0	5.8
焊接电流/A	25~40	40~70	70~90	100~130	160~210	220~270	260~300

应当指出，以上提供的焊接电流，只是一个大概的参考范围，在实际生产中还应考虑焊件的厚度、接头形式、焊接位置等。重要结构焊接时，应通过试焊来确定焊接电流的大小。

3. 电弧电压

电弧电压由电弧长度（指焊芯熔化端到焊接熔池表面的距离）决定，电弧长，电弧电压高；反之则低。电弧电压高，电弧燃烧不稳定，容易产生焊接缺陷。电弧电压低，熔滴过渡可能经常发生短路，操作困难。正常的电弧长度是小于或等于焊条直径。

4. 焊接速度

焊接速度是指电弧沿焊接方向移动的速度。焊接速度过快，焊缝熔深过小，易产生未焊透、未熔合等缺陷。焊速过慢，焊缝高温停留时间增长，接头的力学性能降低，焊接薄件时易烧穿。焊接速度合适的标志是熔宽约等于焊条直径的两倍。

图4-15所示为焊接电流和焊接速度对焊缝成形的影响。

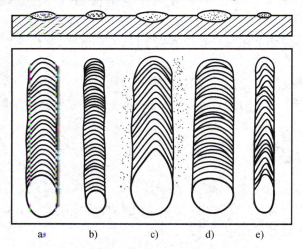

图4-15　焊接电流和焊接速度对焊缝成形的影响

a）参数正确；b）电流过小；c）电流过大；

d）焊速过慢；e）焊速过快

5. 焊接层数

厚板焊接时，常采用多层焊或多道多层焊，一般每层焊缝厚度以不大于 4~5mm 为宜。

十、焊条电弧焊的安全技术

1. 防止触电

1）焊前认真检查焊机接地是否良好。

2）保证焊钳和电缆绝缘良好。

3）操作时应穿胶底鞋或站在绝缘板上。

2. 防止弧光及烫伤

1）穿工作服，戴工作帽。

2）焊接作业必须用面罩，戴电弧焊手套及护鞋罩。

3. 保证设备安全

1）线路连接紧密，防止因松动、接触不良而发热。

2）焊钳暂停工作时不准放在工作台上，以免短路烧坏电弧焊机。

3）如果发现电弧焊机或线路过热应停止工作，查明原因予以解决。

第三节 气焊与气割

一、气焊的基本原理

利用可燃气体与氧气混合燃烧时产生的热量进行金属材料的焊接。

气焊使用的可燃气体有乙炔、液化石油气、天然气、煤气等，氧气为助燃气体，其中，乙炔与氧气混合燃烧时放出的热量最大，其火焰温度最高（可达 3100~3300℃）。因此，乙炔是目前气焊气割中应用最为广泛的一种可燃气体。下面以氧乙炔为例进行介绍。

图 4-16 所示为气焊示意图，乙炔和氧气在焊炬中混合，点燃后熔化工件和焊丝形成熔池并填充金属，当焊炬向前移动，熔池金属凝固形成焊缝，使工件两部分牢固地连接在一起。同时，气焊火焰产生大量的二氧化碳和一氧化碳气体包围着熔池，对熔池起保护作用。

与电弧焊相比，气焊的火焰温度较低，热量分散，工件受热面积大，变形大，生产效率低，接头质量不高。但气焊具有加热均匀和缓慢的特点，因此适用于焊接薄钢板、低熔点材料（有色金属）、铸铁和硬质合金刀具等。气焊设备简单，预热和施焊都比较灵活方便，所以受到广泛应用。

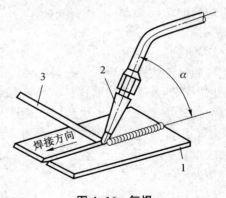

图 4-16 气焊

1—工件；2—焊嘴；3—焊丝

二、气焊火焰

气体燃烧的火焰分为三种：中性焰、碳化焰和氧化焰，其性质、外形和应用有明显的

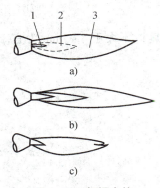

图 4-17　气焊火焰
a）中性焰；b）碳化焰；c）氧化焰
1—焰心；2—内焰；3—外焰

区别，如图 4-17 所示。

1. 中性焰

氧气与乙炔的体积比为 1.0~1.2，燃烧完全，应用最广。中性焰由焰心、内焰和外焰三部分组成。最高温度产生在距离焰心 2~4mm 处，焊接时应该用此区域加热。中性焰常用于焊接低、中碳钢、合金钢及铜、铝合金等材料。

2. 碳化焰

氧气与乙炔的体积比小于 1.0 时为碳化焰。因乙炔过剩，氧气不足，燃烧速度减慢，火焰柔和且长，温度偏低。

碳化焰对被焊工件有增碳作用，适于焊接铸铁、高碳钢及硬质合金等。

3. 氧化焰

氧气与乙炔的体积比大于 1.2 时呈氧化焰。因氧气过剩，燃烧剧烈，火焰心变尖，温度高。

氧化焰对工件有氧化作用而降低了焊缝质量，一般很少采用。用氧化焰焊接黄铜，可减少锌的蒸发。

三、气焊设备及工具

气焊设备包括乙炔瓶、氧气瓶、减压器和焊炬等，它们之间用管道相连通，组成一个完整系统。

1. 乙炔瓶

乙炔是易燃易爆气体，在常压下，305℃就能自燃。在压力为 1.5kg/cm² 和 580℃时就会发生分解爆炸。为提高生产效率，保证安全，现已采用集中生产乙炔，然后用乙炔瓶储存运往气焊工地。乙炔瓶的结构如图 4-18 所示。乙炔瓶瓶体涂白色，注红色"乙炔"两字。

乙炔瓶是溶解乙炔气瓶，它既不同于压缩气瓶，也不同于液化气瓶。乙炔瓶内装有多孔而质轻的固态填料，如硅藻土、浮石、木屑、活性炭等合制而成的，多孔填料内浸有液态物质丙酮，用以溶解乙炔，由于将乙炔溶解在丙酮里，其爆炸危险性就大大降低了。因此，瓶装乙炔的压力可提高到 15.5kg/cm²。乙炔瓶阀下面的填料中心部分长孔内放有石棉，其作用是帮助乙炔从多孔填料中分解出来。

常用乙炔瓶容积 40L，乙炔最大充装量为 6.8kg。气焊气割采用乙炔瓶比用乙炔发生器节约电石约 30%，且操作方便。对乙炔瓶进行振动试验、冲击试验、升温试验、局部加热试验、周围加热试验、回火试验等，都获得了安全的结果。

使用乙炔瓶时，将阀门打开，溶解在丙酮内的乙炔就分解出来，通过乙炔瓶阀流出，而丙酮仍留在瓶内，以便溶解再次充装的乙炔。

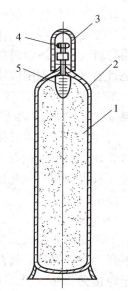

图 4-18　乙炔瓶
1—多孔填充物；2—瓶壳；
3—瓶帽；4—瓶阀；5—石棉丝

2. 氧气瓶

氧气瓶是储存和运输氧气的高压容器，其结构如图 4-19 所示。其容积为 40L，储气最大压力 1.47×10^7 Pa（150atm）。氧气瓶外表涂成蓝色，用黑漆注明"氧气"字样。

氧气瓶不仅要承受瓶内氧气的高压，而且还要承受搬运时的振动、撞击、滚动等外界的作用力，所以氧气瓶上都装有防震橡胶圈。

氧气瓶通常是用低合金钢轧制而成的无缝圆柱高压容器。目前，国外有一种玻璃钢氧气瓶，重量只相当于钢瓶的一半，而耐压强度却超过 500atm（1amt = 101.325kPa），疲劳寿命超过 1000 次，瓶体破裂时不会出现碎片，比钢瓶安全得多。

3. 减压器

减压器的作用是把储存在气瓶内的高压气体减压至所需的工作压力并保持压力稳定。氧气瓶、乙炔瓶和液化石油气瓶的减压器各不相同。

4. 焊炬

焊炬（焊枪）的作用是使氧气和乙炔气体均匀混合由焊嘴喷出点火燃烧，从而形成气焊所需的气体火焰。按可燃气体与氧气混合的方式不同可分为射吸式和等压式两类。目前国产的焊炬多为射吸式。其外形如图 4-20 所示。各种型号的焊炬均备有大小不同的焊嘴，以便焊接厚度不同工件。

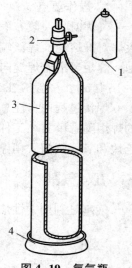

图 4-19 氧气瓶
1—瓶帽；2—瓶阀；
3—瓶体；4—瓶座

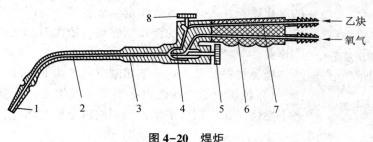

图 4-20 焊炬
1—焊嘴；2—混合气管；3—射吸管；4—喷嘴；
5—氧气阀；6—氧气导管；7—乙炔导管；8—乙炔阀

射吸式焊炬在工作时，以先后顺序开启可燃气体和氧气阀门后，由于氧气压力高，在经过喷射器时，快速喷出，使喷射器周围形成负压，从而将周围的低压可燃气体吸出，按一定比例混合后，以高速度从焊嘴喷出。

四、气焊基本操作

1. 点火、调节火焰与熄火

点火时，先开一点氧气阀门，再打开乙炔阀门，用明火点燃，这时得到的火焰为碳化焰。随后开大氧气阀门，火焰开始变短，淡白色的中间层逐渐向白亮的焰心靠拢，当调到两层刚好重合在一起，整个火焰便只剩下中间白亮的焰心和外面较暗淡的外焰，此时即获得了所需的中性焰。

熄火时，先关闭乙炔阀门，再关闭氧气阀门，否则易引起回火。

2. 操作要点

气焊时，一般右手握焊炬，左手拿焊丝，焊剂涂抹在焊缝上，或焊丝粘涂点膏状焊剂，火焰对准熔池，焊丝端部在火焰与熔池间受热熔化，而成为一滴一滴的金属液体填入熔池中，焊炬要沿着焊缝向左或右移动而进行焊接。施焊中要控制好焊炬与工件的夹角（见图4-16中α），一般应在30°~50°。焊炬移动的速度应能保证熔化，其熔池大小越稳定越好。

焊接过程中，注意焊炬不可过分受热，若温度太高，可置于水中冷却。不得将正在燃烧的焊炬随意卧放在工件或地面上。当焊炬混合室发出"嘶嘶"声时，应立即关闭焊炬上的乙炔和氧气阀门，稍停后，开启氧气阀门，将枪内混合室的烟灰吹掉，恢复正常后再使用。

五、气割

气割是利用中性焰将金属预热至燃点后在切割氧射流中剧烈燃烧氧化，生成氧化物熔

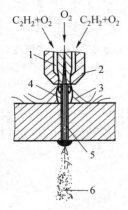

图4-21 气割示意图
1—割嘴；2—预热嘴；
3—预热火焰；4—切割氧气
5—切口；6—氧化渣

渣，同时被切割氧吹除，使金属件形成切口的过程，如图4-21所示。气割所用的手持工具是割炬，其它设备与气焊相同。割炬的结构形式和工作原理与焊炬基本相同，只是在焊炬的基础上增加了一个切割氧气管。焊嘴与割嘴在构造上有所不同，割嘴的出口有两个通道，周围一圈是乙炔与氧的混合气体出口，中间的通道为切割高压氧的出口。

气割开始时，先用氧乙炔焰将割口附近的金属预热到其燃点，然后打开切割高压氧阀门，使金属氧化燃烧，生成熔融状态的氧化铁，并被高压氧气吹走。金属燃烧时产生的大量热量与火焰一起继续预热邻近的金属到燃点，依次继续切割过程，完成切割作业。

金属材料被氧乙炔火焰切割应具备如下条件：

1）被切割的金属燃点必须低于其熔点，这就使金属能在固态下燃烧，保证切口平整，若切割时金属先熔化，使割口变宽且边缘不齐。

2）金属氧化物的熔点低于金属本身的熔点，且流动性好；否则，切割无法进行。

3）金属氧化燃烧时能释放大量的热量，使下层金属有足够的预热温度。

满足上述条件的金属材料有纯铁、低碳钢和普通低合金钢。而高碳钢、铸铁、高合金钢及铜、铝等有色金属及其合金，不具备上述条件，很难用氧乙炔火焰进行切割。

六、气焊、气割的注意事项

1. 使用氧气瓶的注意事项

氧气瓶装有高压氧气，使用不慎就有发生爆炸危险，须注意以下事项：

1）氧气瓶禁止与可燃气瓶放在一起，应离火源5m以外。不能在太阳下暴晒，以免膨胀爆炸。瓶口不得沾有油脂、灰尘。阀门冻结不可火烤，可用温水或蒸气适当加热。

2）应牢固放置，防止振动倾倒引起爆炸，防止滚动，瓶体上应套上两个防震橡胶圈。

3）开启前检查压紧螺母是否拧紧，平稳旋转手轮，人站在出气口一侧。使用时不能把瓶内氧气全部用完（要剩0.1~0.3MPa压力）。不用时须罩好保护罩。

4）在搬运中尽量避免振动或互相碰撞。严禁人背氧气瓶，禁止用吊车吊运。

2. 使用乙炔瓶的注意事项

乙炔瓶不要靠近火源，应放在空气流通的地方，并不能漏气。

3. 回火或火灾的紧急处理

1）当焊炬或割炬发生回火后应首先关闭乙炔开关，然后再关闭氧气开关，待火焰熄灭后、把手不烫手时方可继续工作。

2）正常工作要经常检查回火防止器水位，降低时应添加水，并检查其连接处的密封性。

3）回火时会在焊炬出口处产生猛烈爆炸声，此时不要惊慌失措，应迅速关断气源，制止回火，找出原因采取措施。

4）当引起火灾时，首先关闭气源阀，停止供气，停止生产气体，用沙袋、石棉被盖在火焰上。

复习思考题

1. 常用的焊条电弧焊电源有哪几种？
2. 焊条电弧焊的工艺参数主要包括哪些内容？怎样选择？
3. 焊条由哪几部分组成？各有何作用？
4. 气割应具备哪些条件？

第五章　切削加工基础知识

金属切削加工是用刀具从金属材料（毛坯）上切去多余的金属层，从而获得几何形状、尺寸精度和表面质量都符合要求的机器零件的加工方法。它可分为钳工和机械加工两部分。钳工一般由工人手持工具对工件进行切削加工，操作灵活方便，目前在维修和装配工作中经常应用。机械加工是通过工人操纵机床对工件进行切削加工的，按所用切削工具的类型又可分为两类：一类是利用刀具进行加工的，如车削、钻削、铣削、镗削、刨削等；另一类是利用磨料进行加工的，如磨削、研磨、超精加工等。

第一节　切削加工概述

一、切削运动

金属切削加工，就是通过刀具与工件之间的相对运动，使刀具从工件表面切去多余的金属层，以获得符合预定技术要求的零件或半成品的加工方法。工件表面加工时，刀具与工件的相对运动就是所说的切削运动。根据在切削过程中的不同作用，可以把切削运动分为主运动和进给运动。

1. 主运动

主运动是切下切屑所需的最基本的运动。其特点是在切削过程中，运动速度最高、消耗动力最大。如车削时工件的旋转运动，刨削时刀具（牛头刨）或工件（龙门刨）的直线往复运动，钻削、铣削和磨削时，钻头、铣刀和砂轮的旋转运动等都是切削运动中的主运动。

2. 进给运动

进给运动是指为了使金属层不断投入切削，从而加工出完整表面所需要的运动。如车削时车刀沿纵向、横向的直线走刀运动，钻削时钻头的轴向移动，铣削时工件随工作台的直线运动等。

在切削过程中，主运动只有一个，进给运动可以有一个或几个。主运动可以是旋转运动，也可以是直线运动，主运动和进给运动可以同时进行，也可以交替进行。

二、工件加工中的三个表面

在切削过程中，工件上存在着三个不断变化的表面，即已加工表面、加工表面和待加工表面，如图5-1所示。

1）已加工表面：工件上已切去多余金属形成符合要求的新表面。

2）加工表面：工件上由切削刃形成的那部分表面。

3）待加工表面：工件上即将被切除金属的表面。

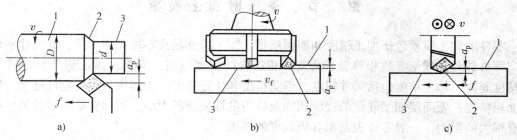

图 5-1　切削用量

a）车削；b）铣削；c）刨削

1—待加工表面；2—加工表面；3—已加工表面

三、切削用量

在切削加工过程中，常需要针对不同的工件材料、刀具材料和其它技术经济要求，来选定适当的切削速度 v、进给量 f 以及切削深度 a_p。切削速度、进给量、切削深度三者称为切削用量三要素，如图 5-1 所示。

1. 切削速度 v

切削速度是指在单位时间内，工件与刀具沿主运动方向相对移动的距离，单位是 m/s。

1）当主运动为旋转运动时，则切削速度为：

$$v = \frac{\pi \times D \times n}{60 \times 1000}$$

式中　D——工件待加工表面的直径或刀具最大直径（mm）；

　　　n——工件或刀具的转速（r/min）。

2）当主运动为往复直线运动时，则取其平均速度为切削速度：

$$v = \frac{2L \times n_r}{60 \times 1000}$$

式中　L——往复运动行程长度（mm）；

　　　n_r——主运动每分钟的往复次数（str/min）。

2. 进给量 f

进给量是指在主运动的一个循环（或单位时间）内，工件与刀具之间沿进给运动方向的相对位移量。如在车削、镗削、钻削时，进给量表示工件或刀具每转一转，刀具或工件沿进给运动方向移动的距离（mm/r）；牛头刨床（龙门刨）切削时，刀具（工件）每往复一次，工件（刀具）沿进给运动方向移动的距离（mm/str）。

3. 切削深度 a_p

切削深度是指待加工表面与已加工表面间的垂直距离，单位是 mm。车削外圆时：

$$a_p = \frac{(D-d)}{2}$$

式中　D、d——分别为待加工表面和已加工表面的直径。

第二节　零件的加工质量

零件的加工质量包括加工精度和表面质量。加工精度是指零件经加工后，其尺寸、形状等实际参数与其理论参数相符合的程度。相符合的程度越高，偏差（加工误差）越小，加工精度越高，加工精度包括尺寸精度、形状精度和位置精度。表面质量是指零件已加工后的表面粗糙度、表面层加工硬化的程度和残余应力的性质及其大小。表面质量对零件的使用寿命有很大的影响，一般零件表面都有粗糙度的要求。

一、尺寸精度

尺寸精度是指零件尺寸的精确程度。尺寸精度分为 20 个等级，分别以 IT01、IT0、IT1、IT2…IT18 表示。其中 IT 表示标准公差，其后数字表示公差等级，数字越小，精度越高，加工也就越困难。

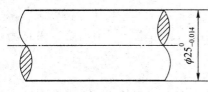

图 5-2　轴径的公差

根据零件的技术要求，图纸上的零件尺寸应规定有一定的公差，如图 5-2 所示。其中，$\phi 25$ 为轴的基本尺寸，$\phi(25+0)=\phi 25$ 为最大极限尺寸，$\phi(25-0.014)=\phi 24.986$ 为最小极限尺寸。最大极限尺寸与最小极限尺寸之差就是轴的公差。也就是说，轴的实际尺寸在 $\phi 25$ 与 $\phi 24.986$ 之间变动，都是合格的。

二、形状精度

形状精度是指零件表面与理想表面之间在形状上接近的程度，如圆柱面的圆柱度或圆度、平面的平面度等。

三、位置精度

位置精度是指表面、轴线或对称面之间的实际位置与理想位置接近的程度，如两圆柱之间的同轴度、两平面之间的平行度或垂直度等。

四、表面粗糙度

在切削加工过程中，由于刀具的振动或摩擦等原因，会使工件已加工表面产生微小的峰谷。零件的表面粗糙度是指零件表面微观不平度的大小，常用微观不平度的平均算数偏差 R_a 来度量。表面粗糙度的允许值越小，加工越困难，成本越高。常用加工方法所能达到的表面粗糙度如表 5-1 所示。

表 5-1　常用加工方法能达到的表面粗糙度

加工方法	$R_a/\mu m$	旧国标光洁度的对应级别	表面特征
粗车 粗镗	50	▽1	可见明显刀痕
粗铣 粗刨	25	▽2	可见刀痕
钻孔	12.5	▽3	微见刀痕

加工方法		$R_a/\mu m$	旧国标光洁度的对应级别	表面特征
精铣 精刨	半精车	6.3	▽4	可见加工痕迹
	精车	3.2	▽5	微见加工痕迹
		1.6	▽6	不见加工痕迹
粗磨		0.8	▽7	可辨加工痕迹方向
精磨		0.4	▽8	微辨加工痕迹方向
		0.2	▽9	不辨加工痕迹方向
精密加工		0.1~0.008	▽10~▽14	按表面光泽判断

第三节　常用量具及使用方法

在切削加工时，为了保证零件的加工质量，对加工出的零件要严格按照图样所要求的表面粗糙度、尺寸精度和位置精度进行测量。测量所使用的工具叫做量具，由于零件有各种不同形状的表面，精度要求也各不相同，因此需要根据测量要求来选择适当的量具。量具的种类很多，本节仅介绍最常用的几种。

一、卡钳

为了方便、准确地测量工件的外圆、内圆或内槽等部位的尺寸，常用的一种间接度量工具称为卡钳。用卡钳的卡脚测量相应部位，再在钢直尺上读出尺寸。卡钳分为外卡钳和内卡钳两种，如图5-3和图5-4所示。

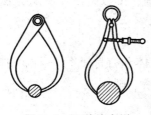

图5-3　两种外卡钳

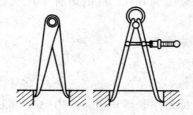

图5-4　两种内卡钳

用外卡钳测量外径的方法如图5-5所示，用内卡钳测量内径的方法如图5-6所示。

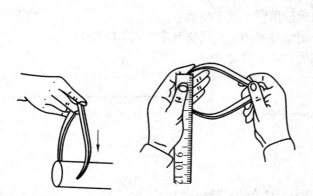

图5-5　用外卡钳测量外径

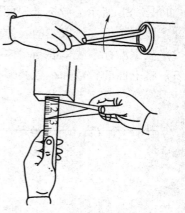

图5-6　用内卡钳测量内径

二、游标卡尺

游标卡尺是一种测量精度较高的量具，可直接测量工件的外径、内径、宽度、深度尺寸等，如图 5-7 所示。

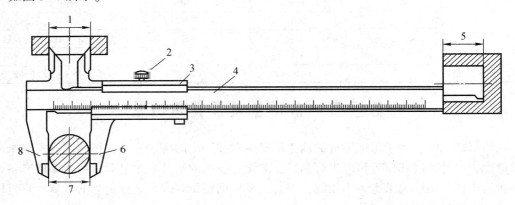

图 5-7 游标卡尺

1—测量内表面；2—制动螺钉；3—游标；4—尺体；
5—测量深度；6—活动卡脚；7—测量外表面；8—固定卡脚

游标卡尺主要包括尺体和游标等几部分。游标可沿尺体移动，其活动卡脚和尺体上的固定卡脚相配合，以测量工件的尺寸。其读数准确度有 0.1mm、0.05mm 和 0.02mm 三种，下面以准确度为 0.02mm 的游标卡尺为例，说明其刻线原理、读数方法、测量方法及其注意事项。

1. 刻线原理

如图 5-8a 所示，当尺体和游标的卡脚贴合时，在尺体和游标上刻一上下对准的零线，尺体的每一小格为 1mm，游标上将 49mm 长度等分为 50 格，则：

游标每格长度 = 49mm/50 = 0.98mm

尺体与游标每格之差 = 1mm - 0.98mm = 0.02mm

2. 读数方法

如图 5-8b 所示，游标卡尺的读数方法可分为三步：

1）根据游标零线以左面尺体上的最近刻度，读出整数；

2）根据游标零线以右与尺体某一刻线对准的刻线的格数乘以 0.02 读出小数；

3）将上面的整数和小数两部分相加，即为总尺寸。

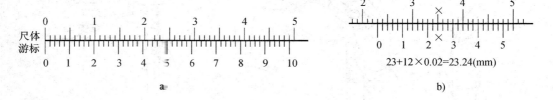

$23 + 12 \times 0.02 = 23.24 \text{(mm)}$

a)   b)

图 5-8 游标卡尺的刻度原理及读数

a）刻度原理；b）读数方法

3. 测量方法

游标卡尺的测量方法如图 5-9 所示。

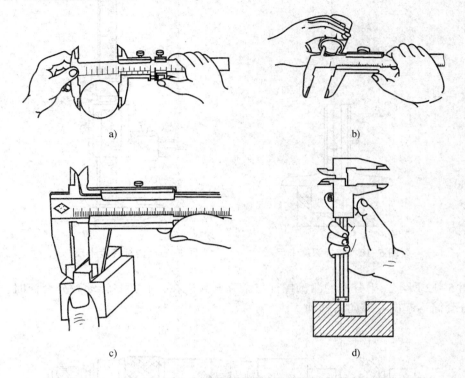

图 5-9 游标卡尺的测量方法
a) 测量外径；b) 测量内径；c) 测量宽度；d) 测量深度

4. 使用游标卡尺的注意事项

1）使用前，先擦净卡脚，然后合拢两卡脚使之贴合，检查尺体和游标零线是否对齐。若未对齐，应在测量后根据原始误差修正读数；

2）测量时，方法要正确；读数时，视线要垂直于尺面，否则测量值不准确；

3）测量时，勿使内、外量爪过分压紧工件；

4）游标卡尺只可用于测量已加工过的光滑工件表面，对表面粗糙的工件表面或运动中的光滑工件表面均不可用。

游标卡尺的种类很多，除了上述普通游标卡尺外，还有专门用于测量深度和高度的游标深度卡尺和游标高度卡尺，分别如图 5-10 和图 5-11 所示。游标高度卡尺还可用于钳工精密划线工作。

三、千分尺

千分尺是一种测量精度比游标卡尺更高的量具，其测量准确度为 0.01mm。常见的类型有外径千分尺、内径千分尺和深度千分尺等，分别如图 5-12 所示。它们虽然种类和用途不同，但都是利用螺杆移动的基本原理。下面以外径千分尺为例，说明其刻线原理、读数方法及其注意事项。

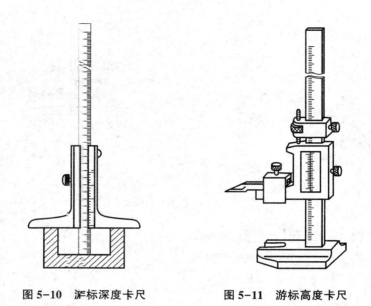

图 5-10 浒标深度卡尺   图 5-11 游标高度卡尺

如图 5-12 所示，千分尺的测量螺杆与微分套筒连在一起，当转动微分套筒时，测量螺杆和微分套筒一起向左或同右移动。

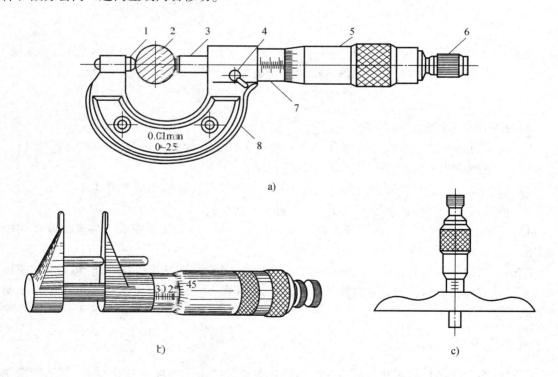

a)

b)   c)

图 5-12 千分尺

a）外径千分尺；b）内径千分尺；c）深度千分尺

1—砧座；2—工件；3—测量螺杆；4—止动器；5—微分套筒；6—棘轮；7—固定套筒；8—弓架

1. 刻线原理

千分尺的读数机构由固定套筒和微分套筒组成（相当于游标卡尺的尺体和游标），如图 5-13 所示。固定套筒在轴线方向上刻有一条中线，中线的上、下方各刻一排刻线，刻线每小格间距均为 1mm，但上、下刻线互相错开 0.5mm。在微分套筒左端圆周上有 50 等分的刻度线，测量螺杆的螺距为 0.5mm，故微分套筒上每一小格的读数值为 0.5/50 = 0.01（mm）。

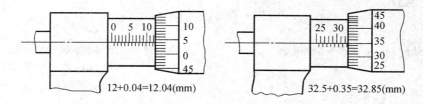

图 5-13　千分尺的刻线原理

当千分尺的测量螺杆左端与砧座表面接触后，微分套筒左端的边线与轴线刻度线的零线重合，同时圆周上的零线应与中线对准。

2. 读数方法

千分尺的读数方法如图 5-13 所示。

1）读出固定套筒上露出刻线的毫米数（应为 0.5mm 的整数倍）；

2）读出微分套筒上小于 0.5mm 的小数部分；

3）将上述两部分读数相加，即为总尺寸。

3. 注意事项

1）检查零点：使用前应先校对零点，若零点未对齐，在测量时应根据原始误差修正读数；

2）擦净工件：工件测量面应擦净，且不要偏斜，否则将产生读数误差；

3）合理操作：当测量螺杆接近工件时，严禁再拧微分套筒，必须拧动右端棘轮，当棘轮发出"吱吱"打滑声，表示压力合适，应停止拧动。

四、量规

量规是一种适于大批量生产的专用量具，也是一种间接量具。常见的有测量内径的塞规、测量外径的卡规、测量螺纹的螺纹规和测量间隙的塞尺等。

1. 塞规

塞规用于测量孔径或槽宽。一端用于控制工件的最大极限尺寸，叫做"止端"；另一端用于控制工件的最小极限尺寸，叫做"过端"。用塞规测量时，只有当工件同时满足能通过"过端"而进不去"止端"，才能说明工件的实际尺寸在公差范围之内，是合格工件。塞规的外形及使用方法如图 5-14a 和图 5-15a 所示。

2. 卡规

卡规用于测量外径或厚度，与塞规类似，一端为"止端"，另一端为"过端"，使用方法与塞规相同，卡规的外形及使用方法如图 5-14b 和图 5-15b 所示。

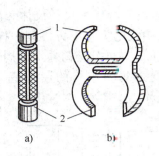
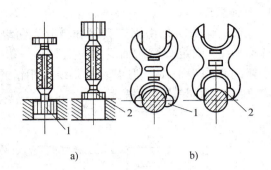

图 5-14　塞规和卡规外形图
a）塞规；b）卡规
1—止端；2—过端

图 5-15　塞规和卡规的使用方法
a）塞规的使用方法；b）卡规的使用方法
1—过端；2—止端

五、百分表

百分表是一种精度较高的比较量具，只能测出相对的数值，不能测出绝对数值。它主要用来检查工件的形状误差和位置误差（如圆度、平面度、垂直度、跳动等），也常用于工件的精度找正。

1. 百分表的结构及工作原理

钟式百分表是一种常用的百分表，结构如图 5-16 所示。当测量杆向上或向下移动 1mm 时，通过齿轮传动系统带动大指针转一圈，小指针转一格。刻度盘在圆周上有 100 等分的刻度线，其每格读数值为 $1/100 = 0.01$（mm）；小指针每格读数值为 1mm。测量时大、小指针所示读数之和即为尺寸变化量，小指针处的刻度范围即为百分表的测量范围。测量前可通过转动刻度盘调整，使大指针指向零位。

2. 百分表的正确使用

百分表常装在专用百分表座上使用，使用时需固定位置的，应装在磁性表座上；使用时需移动的，则直接装在普通表座上即可，如图 5-17 所示。

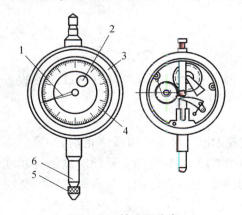
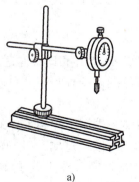
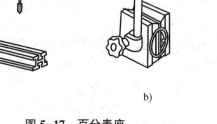

图 5-16　钟式百分表
1—大指针；2—小指针；3—表壳；
4—刻度盘；5—测量头；6—测量杆

图 5-17　百分表座
a）磁性表座；b）普通表座

六、90°角尺

一般 90°角尺又称为直角尺，如图 5-18 所示。它的内侧两边及外侧两边分别制成准确的 90°，用来检测小型零件上两垂直面的垂直度误差。测量时，将角尺的一边与工件贴紧，工件的另一面与角尺的另一边露出间隙，可用塞尺（见图 5-19）来测量间隙大小，从而可计算出垂直度误差。

图 5-18　直角尺

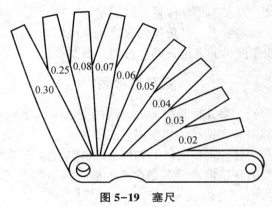

图 5-19　塞尺

七、万能角度尺

万能角度尺是用来测量零件内、外角度的量具，如图 5-20 所示。

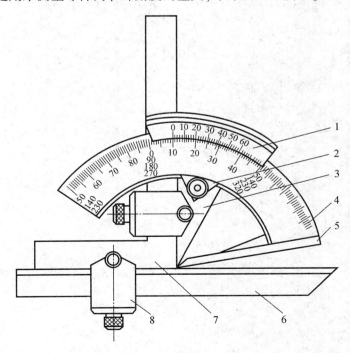

图 5-20　万能角度尺

1—游标；2—制动器；3—扇形板；4—主尺；5—基尺；6—直尺；7—角尺；8—卡块

它的读数机构是根据游标原理制成的。主尺刻线每格为 1°，游标的刻线是将 29°等分为 30 格。

游标刻线每格度数 $= \dfrac{29°}{30}$

主尺与游标每格的差值 $= 1° - \dfrac{29°}{30} = 2'$

即万能角度尺的读数精度为 2′，它的读数方法与游标卡尺完全相同。

通过改变基尺、角尺、直尺的相互位置，可测量 0°~320°范围内的任意角度。测量时应先校对零位。当角尺与直尺均装上，且角尺的底边及基尺均与直尺无间隙接触，直尺与游标的零线对准时，表示万能角度尺的零位正确。否则，需要校正。

复习思考题

1. 分析车、钻、铣、刨、磨几种常用加工方法的主运动和进给运动。

2. 试说明表示铣、刨平面和钻孔的切削用量三要素。

3. 加工精度包括哪些内容？零件图纸上如何看出其精度的高低？

4. 游标卡尺和千分尺的测量准确度各是多少？能否测量铸件毛坯？试用其刻线原理进行说明。

5. 如何使用量规？

6. 试述百分表的读数原理及其用途。

第六章 车 削

车工是机械加工的主要工种，常用于加工零件上的回转表面。它所用的设备是车床，所用的刀具是车刀，还可以用钻头、铰刀、丝锥、滚花刀等。车削加工范围如图 6-1 所示。

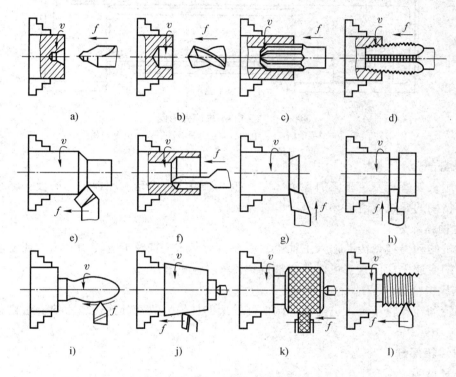

图 6-1 车削加工范围
a) 钻中心孔；b) 钻孔；c) 铰孔；d) 攻螺纹；e) 车外圆；f) 镗孔；
g) 车端面；h) 车槽；i) 车成形面；j) 车锥面；k) 滚花；l) 车螺纹

第一节 车 床

车床是机械制造中不可缺少的设备之一。它的种类很多，其中卧式车床应用最为广泛。

一、车床的组成

图 6-2 所示为 C6132A 车床的外形图。它由床身、主轴箱、进给箱、溜板箱、刀架、滑板、尾座等部件组成。

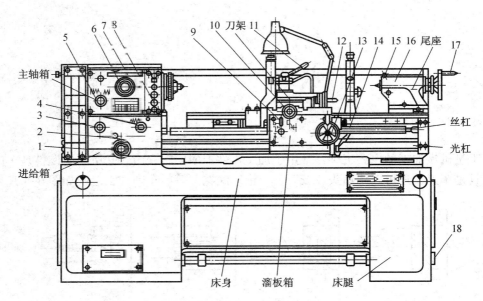

图 6-2   C6132A 车床外形图
1~7 9~17—手柄；8—电动机双速选择开关；18—电源开关

1. 床身部分

床身用来支持和安装车床的各个部件，如主轴箱、进给箱、溜板箱、滑板、尾座等。床身上面有精确的导轨，滑板和尾座可沿着导轨移动。

2. 主轴箱部分

电动机的动力经带传动输入主轴箱，用来驱动车床主轴及卡盘转动，以实现主运动。变换主轴箱的变速手柄位置，可以使主轴得到各种不同的转速。

3. 挂轮箱部分

主轴转动经挂轮箱传入进给箱。调换挂轮架的挂轮，改变其速比，可使进给箱获得所需的转速。

4. 进给箱部分

（1）进给箱

进给箱内不同组合的齿轮传动机构，可以使光杠和丝杠旋转，并得到各种不同转速。

（2）光杠和丝杠

旋转的光杠或丝杠通过齿轮齿条传动或螺母丝杠传动，使滑板刀架作直线进给运动。光杠的不同转速，使刀架得到大小不同的进给量。丝杠的不同转速，可以加工不同螺距的螺纹。

5. 溜板部分

（1）溜板箱

光杠或丝杠的转动传入溜板箱后，变换溜板箱的手柄位置，可使滑板刀架作自动纵向进给、自动横向进给或车削螺纹。

（2）滑板

滑板分床鞍（大拖板或纵溜板）、中滑板（中拖板或横溜板）和小滑板。床鞍可沿床身导轨作纵向直线运动，在纵向车削工件时使用；中滑板可作横向直线运动，在横向切削工件和控制切削深度时使用；小滑板可扳转一定角度，在纵向切削较短工件和锥面时使用。

（3）刀架

刀架用来装夹刀具。

6. 尾座部分

尾座用来装顶尖以装夹较长工件，还可安装钻头、中心钻、铰刀等进行孔加工。

二、车床的传动

车床的运动有主轴的旋转运动和滑板的进给运动。这两个运动是由电动机主轴传动链及进给传动链分别驱动的，并用挂轮箱相联系。

1. 主轴传动链

电动机通过带传动经主轴箱带动主轴，形成工件的旋转运动。主轴箱内由轴、齿轮和离合器等组成变速机构。操纵离合器手柄，可以控制主轴的正转、反转和停止运动。变换主轴箱内的齿轮啮合位置，可以使主轴得到各种不同转速。

2. 进给传动链

主轴箱主轴的旋转经挂轮箱传入进给箱，使光杠旋转。变换溜板箱离合器的开合，可以使床鞍带动刀架车刀作纵向进给运动或者使中滑板带动刀架车刀作横向进给运动。变换进给箱内的齿轮啮合位置，即改变光杠旋转的速比，可得到不同的进给量。

变换进给箱内离合器位置，可使丝杠旋转。当合上溜板箱螺母，丝杠转动，丝杠带动滑板、刀架车刀作精确速比的纵向直线运动，进行车削螺纹。丝杠不同速比的旋转，可以车削出不同螺距的螺纹。

车床的传动系统框图如图 6-3 所示。

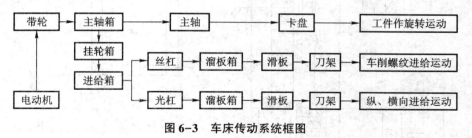

图 6-3　车床传动系统框图

3. 卧式车床传动系统

C6132A 车床传动系统如图 6-4 所示。

1）主运动传动系统：电动机的一种转速，通过主轴箱的变速机构使主轴获得 6 种转速。主运动的结构式如下：

$$\frac{1}{\text{电动机}} - \frac{\phi78}{\phi113} - \frac{1\times1=1}{\text{I}} \left\{ \begin{array}{c} \frac{32}{47} \\ \frac{47}{32} \\ \frac{18}{61} \end{array} \right\} \frac{1\times3=3}{\text{II}} \left\{ \begin{array}{c} \frac{24}{55}-\text{III}-\frac{20}{75} \\ \frac{40}{39}-\text{III}-\frac{55}{40} \end{array} \right\} \frac{3\times2=6}{\text{IV（主轴）}}$$

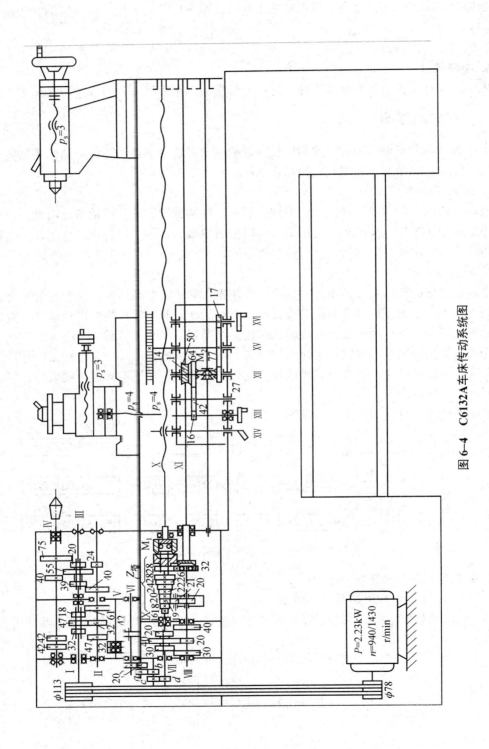

图6-4　C6132A车床传动系统图

由于电动机为双速电机，其转速为 940/1430r/ min，所以主轴共获得 12 种不同的转速。主轴的极限转速为：

$$n_{max} = 1430 \times \frac{78}{113} \times \frac{47}{32} \times \frac{40}{39} \times \frac{55}{40} \approx 2000\,(\mathrm{r/min})$$

$$n_{min} = 940 \times \frac{78}{113} \times \frac{18}{61} \times \frac{24}{55} \times \frac{20}{75} \approx 22\,(\mathrm{r/min})$$

2）进给运动传动系统。进给运动的结构式如下：

$$\text{主轴（Ⅳ）} - \begin{cases} \dfrac{42}{42} \\[2mm] \dfrac{42}{32} \times \dfrac{32}{42} \end{cases} - \text{Ⅵ} - \dfrac{20}{20} - \dfrac{a}{b}\dfrac{c}{d} - \text{Ⅶ} - \begin{cases} \dfrac{30}{30} \\[1mm] \dfrac{40}{20} \\[1mm] \dfrac{20}{40} \end{cases} - \text{Ⅷ} - \dfrac{24}{Z_{塔}} - \text{Ⅸ} -$$

$$\begin{cases} \text{M}_1\text{ 合 - 丝杠（加工螺纹）} \\[3mm] \dfrac{28}{32} - \text{光杠} - \dfrac{1}{50} - \text{Ⅻ} - \begin{cases} \text{M}_2 \text{ 开} \dfrac{27}{77} - \dfrac{14}{齿条} - \text{刀架自动纵向进给} \\[3mm] \text{M}_2 \text{ 合} \dfrac{64}{42} \times \dfrac{42}{16} - \text{横向丝杠 - 中滑板自动横向进给} \end{cases} \end{cases}$$

C6132A 车床附有一套齿数为 24、35、45、48、55、60、63、70、80、100、120 的交换齿轮，通过改变交换齿轮的进给箱中的变速机构，可调节 36 种纵、横进给量，可车削不同螺距的米制、英制、模数和径节的螺纹。

纵向进给量范围：$f_{纵} = 0.023 \sim 1.240\mathrm{mm/r}$；

横向进给量范围：$f_{横} = 0.012 \sim 0.642\mathrm{mm/r}$。

第二节　车　刀

车削加工使用的刀具主要是车刀。车刀可用于加工外圆、端面、内孔、螺纹、成形表面以及用于车槽、切断等。不同表面的加工，采用的车刀不同。常用的车刀有：45°外圆车刀、90°外圆车刀、75°外圆车刀、切槽刀、镗孔刀、样板刀、螺纹车刀等，如图6-5所示。

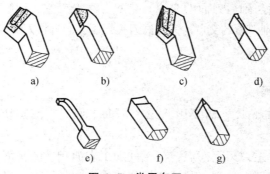

图 6-5　常用车刀

a）45°外圆车刀；b）90°外圆车刀；c）75°外圆车刀；d）切槽刀；e）镗孔刀；f）样板刀；g）螺纹车刀

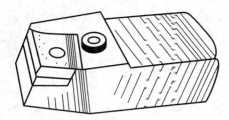

图 6-6 机械夹固式车刀

车刀结构也有多种形式。通常高速钢车刀采用整体式，硬质合金车刀采用焊接式和机械夹固式。焊接式车刀是在普通金属材料的刀体上焊接硬质合金刀片而形成的，生产中应用十分广泛。机械夹固式车刀是一种推广使用的先进车刀，如图 6-6 所示，其硬质合金刀片预先压制成形，用机械夹固的方法装夹在刀体上。使用时不需要刃磨、重磨，用钝之后可将刀片转过一个位置，用新刃口进行切削，待所有刀刃全部磨损后可调换新刀片，使用十分方便。

一、车刀的组成

外圆车刀的组成如图 5-7 所示。

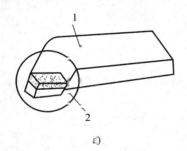 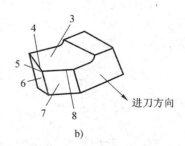

图 6-7 车刀的组成

a) 车刀的组成；b) 车刀的切削部分

1—刀体（夹持部分）；2—刀头（切削部分）；3—前刀面；4—副刀刃；

5—刀尖；6—副后刀面；7—主后刀面；8—主刀刃

车刀由刀头和刀体两部分组成。刀头是车刀的切削部分，一般由高速钢或硬质合金等刀具材料制成。刀体是车刀的夹持部分。车刀的切削部分一般由三个刀面、两个刀刃和一个刀尖组成。

1）前刀面：切屑流经的表面（与切屑相接触的表面）。

2）主后刀面：与工件上加工表面相对的表面。

3）副后刀面：与工件上已加工表面相对的表面。

4）主刀刃：前刀面与主后刀面的交线。它担负着主要的切削工作。

5）副刀刃：前刀面与副后刀面的交线。它配合主刀刃完成切削工作。

6）刀尖：主刀刃与副刀刃的交点。为提高刀尖强度，通常将刀尖磨成短直线或小圆弧。

二、车刀的角度

1. 辅助平面

为了便于确定刀具的角度，需要引入三个辅助平面。它们是切削平面、基面和正交平面，如图 6-8 所示。

1）切削平面：通过主刀刃上一点，与工件加工表面相切的平面。

2）基面：通过主刀刃上一点，与该点切削速度方向相垂直的平面。

3）正交平面：通过主刀刃上一点，与主刀刃在基面上的投影相垂直的平面。

2. 车刀的主要角度

车刀的主要角度有前角 γ_o、后角 α_o、主偏角 κ_r、副偏角 κ_r' 和刃倾角 λ_s，如图 6-9 所示。

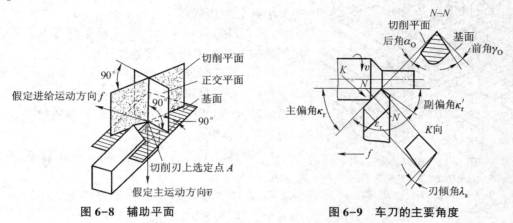

图 6-8　辅助平面　　　　　　　图 6-9　车刀的主要角度

1）前角 γ_o：正交平面内前刀面与基面之间的夹角。前角可使车刀锋利，便于切削。但前角过大会削弱刀头强度。用高速钢车刀车削钢材时一般取 15°~20°；车削铸铁时前角可略小些。用硬质合金车削钢材时一般取 10°~20°。

2）后角 α_o：正交平面内主后刀面与切削平面之间的夹角。其作用是减少主后刀面与工件的摩擦，一般取 6°~20°。粗车时取小值，精车时取大值。

3）主偏角 κ_r：主刀刃在基面上的投影与进给方向之间的夹角。车刀主偏角一般取 45°~75°，主偏角能改变径向切削力和轴向切削力的比例，也影响刀具的强度。增大主偏角，可以减少径向切削分力，减小工件变形，当加工细长轴时取 90°。

4）副偏角 κ_r'：副刀刃在基面上的投影与进给反方向之间的夹角。副偏角的作用是减小副刀刃与已加工表面的摩擦。副偏角的大小会影响工件表面的粗糙度和刀具的耐用度，一般取 5°~15°。

5）刃倾角 λ_s：在切削平面内测得的主刀刃与基面之间的夹角，其作用主要是控制切屑流出方向，并影响刀头强度，如图 6-10 所示，一般取 -5°~5°。

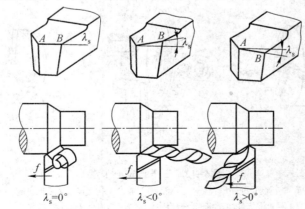

图 6-10　刃倾角对排屑的影响

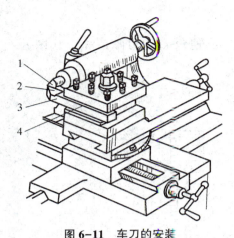

图6-11 车刀的安装

1—刀尖对准顶尖；2—刀头前刀面朝上；

3—刀头伸出长度<2倍刀体高度；

4—刀体与工件轴线垂直

三、车刀的安装

车刀使用时必须正确安装，如图6-11所示。基本要求有下列几点：

1）车刀刀尖应与车床的主轴轴线等高，可根据尾架顶尖的高度来调整。

2）车刀刀体应与工件轴线垂直。

3）车刀应尽可能伸出短些，一般伸出长度不超过刀体厚度的2倍。若伸出太长，刀体刚性减弱，切削时容易产生振动。

4）刀体下面的垫片应平整，且片数不宜太多（一般2～3片）。

5）刀位置装正后，应拧紧刀架螺钉压紧，一般用两个螺钉，并交替拧紧。

第三节 车床附件

车床上常备有一套附件，以适应加工各种零件的需要。常用的附件有：三爪自定心卡盘、四爪单动卡盘、花盘、顶尖、中心架与跟刀架、心轴等。

一、三爪自定心卡盘

三爪自定心卡盘是机床上最常用的附件，其结构如图6-12所示。卡盘由法兰盘内的螺纹直接旋装在车床主轴上。将卡盘扳手插入任何一个方孔，顺时针转动小锥齿轮，与它相啮合的大锥齿轮将随之转动，大锥齿轮背面的方牙平面螺纹就带动三个卡爪在导向槽内同时移向中心，夹紧工件。扳手反转，卡爪即松开工件。由于三个卡爪是同时向中心移动的，故可使工件轴线与车床主轴中心自行重合，因而又称自动定心卡盘。三爪自定心卡盘适宜夹持圆

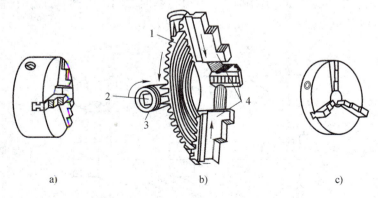

a)   b)   c)

图6-12 三爪自定心卡盘

a）三爪自定心卡盘外形；b）三爪自定心卡盘结构；c）反三爪自定心卡盘

1—大锥齿轮（背面有平面螺纹）；2—方孔；3—小锥齿轮；

4—三个卡爪同时向中心移动

形和正六边形截面的工件。

二、四爪单动卡盘

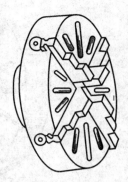

四爪单动卡盘如图 6-13 所示，有四个可单独调整的卡爪，卡爪可调头使用，即成反爪。四爪单动卡盘可装夹圆形、方形、长方形、椭圆形及其它不规则形状的工件。其卡爪夹紧力比三爪自定心卡盘大，适宜装夹较重较大的工件。

为使加工工件上的轴线与主轴轴线重合，四爪单动卡盘安装工件时，需仔细找正。找正的精度取决于找正的工具。一般可用划针按工件上已划出的加工线或基准线（如内孔、外圆等）找正，如图 6-14a 所示。当工件安装精度要求较高时，可用百分表找正，如图 6-14b 所示。

图 6-13　四爪
单动卡盘

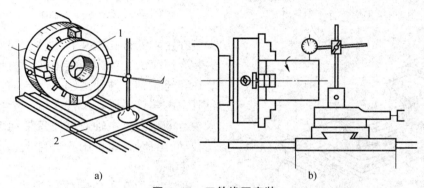

a)　　　　　　　　　　　　　　b)

图 6-14　工件找正安装

a）用划线盘找正；b）用百分表找正

1—孔的加工界线；2—木板

三、花盘

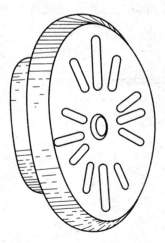

花盘如图 6-15 所示，是旋装在车床主轴上的一个大圆盘，其端面有许多长槽，用以穿放螺栓，压紧工件。花盘的端面需平整，且应与主轴中心线垂直。在车床上加工大而扁平形状不规则的零件，或要求零件的一个面与安装平面平行，或要求孔、外圆的轴线与安装平面垂直时，可以把工件用压板直接装在花盘上，如图 6-16a 所示。有些复杂的零件，其不能与盘面贴合，则将弯板压紧在花盘上，再把零件紧固在弯板上，如图 6-16b 所示。弯板要有一定的刚度，弯板上两个工作面应有较高的垂直度。

用花盘安装工件，由于重心偏向一边，要在另一边加上平衡铁予以平衡，以减少转动时的振动。

四、顶尖

车削长轴类或加工工序较多的轴类工件时，一般用前后两个顶尖、卡箍（鸡心夹头）安装工件，如图 6-17 所示。前顶

图 6-15　花盘

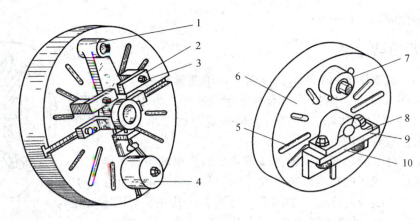

图 6-16　在花盘上安装工件

a）用压板安装工件；b）用弯板安装工件

1，8—工件；2—压板；3—螺钉；4，7—平衡铁；5—螺栓孔槽；6—花盘；9—安装基面；10—弯板

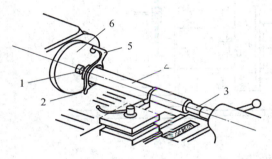

图 6-17　顶尖的安装

1—前顶尖；2—夹紧螺钉；3—后顶尖；
4—工件；5—鸡心夹头；6—拨盘

尖装在主轴的锥孔内并和主轴一起旋转；后顶尖装在尾座的套筒内固定不转。拨盘可直接旋装在车床主轴上并随主轴一起转动。卡箍可通过其上的螺钉紧固在工件左端，卡箍的尾部伸入拨盘的糟内。主轴通过拨盘带动卡箍而使工件转动。有时，也可用三爪自定心卡盘代替拨盘及卡箍。

顶尖分为普通顶尖（死顶尖）和活顶尖，如图 6-18 所示。前后顶尖一般采用不同顶尖，高速切削时，为防止后顶尖不转而与中心孔摩擦发热或烧损，常采用活顶尖。加工时，活顶尖的夹持部分与工件一起旋转。因活顶尖结构复杂，旋转精度不如普通顶尖高，故一般用于粗车和半精车。工件的精度要求比较高时，后顶尖也应用普通顶尖，但要合理选择切削速度。

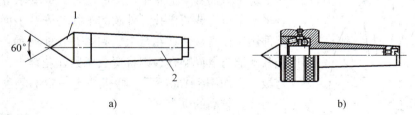

a)　　　　　　　　　b)

图 6-18　顶尖

a）普通顶尖；b）活顶尖

1—支持工件部分；2—安装部分（尾部）

五、中心架与跟刀架

加工细长轴时，工件受径向切削力的作用而产生弯曲变形，为防止这种现象的产生，当

细长轴的长度与直径之比（*L/d*）大于10时，通常使用中心架或跟刀架作为辅助支承。如图6-19和图6-20所示中心架或跟刀架的应用。

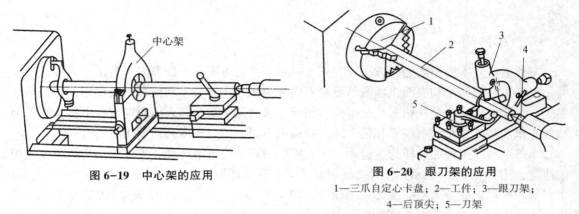

图 6-19　中心架的应用

图 6-20　跟刀架的应用

1—三爪自定心卡盘；2—工件；3—跟刀架；

4—后顶尖；5—刀架

六、心轴

盘套类零件的加工，当要求保证内外圆柱面的同轴度、两端面的平行度及端面与孔轴线的垂直度时，需要先将孔进行精加工，然后以孔定位把零件套在心轴上，再把心轴安装在前后顶尖之间进行外圆端面的加工，使工件在一次装夹中全部加工完，从而保证上述位置精度的要求。心轴的种类很多，常用以下两种。

1）锥度心轴：如图6-21所示，其锥度为1：1000～1：5000。工件压入后，靠心轴锥面与工件内孔表面配合面的摩擦力来夹紧并传递扭规，故不能承受较大的切削力。但它装卸方便，对中准确，多适用于长度大于孔径的工件的精加工。

2）圆柱体心轴：如图6-22所示，工件左端紧靠心轴的台阶，由螺帽、垫圈将工件压紧在心轴上，其夹紧力较大，但对中精度比锥度心轴低。使用这种心轴时，工件两端面都须与孔垂直，以免当螺母拧紧时，心轴弯曲变形。它适用于安装长度小于孔径的工件。

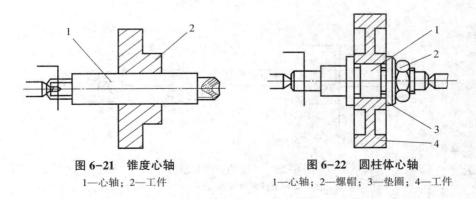

图 6-21　锥度心轴

1—心轴；2—工件

图 6-22　圆柱体心轴

1—心轴；2—螺帽；3—垫圈；4—工件

第四节　车削加工方法

用车床进行的切削加工称为车削加工。车削加工时，工件作旋转的主运动，刀具作纵向、横向移动的进给运动。车削加工的范围很广，可车外圆、车端面、切槽、切断、钻孔、扩孔、铰孔、镗孔、钻中心孔、车螺纹、车内外圆锥面、车成形面及滚花等，如图6-1所示。

一、车外圆

车外圆是基本的车削加工方法（见图6-1e）。车刀可采用外圆车刀、弯头车刀或偏刀。

根据车外圆精度和表面粗糙度的要求不同分为粗车、半精车和精车。粗车用来切削毛坯表皮，切除大部分余量；精车是使工件达到所要求的加工精度和表面粗糙度；半精车则是为精加工作准备。粗车、半精车和精车时，应选用不同的车刀角度和切削用量。

车外圆时，工件的旋转为主运动，车刀沿轴向移动为进给运动，工件转动的线速度为切削速度，用 v（m/s）表示；工件每转一转，车刀移动的距离为进给量，用 f（mm/r）表示；车刀每一次切去的金属层厚为切削深度，用 a_p（mm）表示。v、f、a_p 三者统称为切削用量。在操作车床时，切削速度要按下列公式换算成主轴的转速 n（r/min）：

$$v=\frac{\pi \times D \times n}{60 \times 1000}$$

式中　D——工件待加工表面的直径或刀具最大直径（mm）；

　　　n——工件或刀具的转速（r/min），按所选的转速调整车床。

车外圆时，一般靠调整横向刻度盘来控制切削深度，以保证径向的尺寸精度。在精车时，只靠刻度盘进刀是不行的，因为刻度盘的刻线及刀架丝杠和螺母的螺距都有误差，所以开始车削前应先进行试切。试切的方法和步骤如图6-23所示。

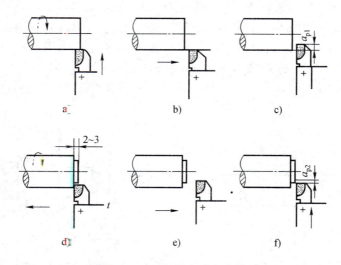

图6-23　试切的方法和步骤

a）开车对刀使车刀与工件表面轻微接触；b）向右退出车刀；
c）横向进刀 a_{p1}；d）车削2~3mm；e）退出车刀进行度量；f）如查尺寸不到，再进刀 a_{p2}

其中图6-23a~图6-23e是试切的一个循环，如果尺寸合格，就按这个切深将整个表面加工完毕。如果尺寸过大，就要自图6-23f重新进行试切，直到尺寸合格才能继续车下去。

二、车端面

车端面时如图6-1g所示，工件作旋转的主运动，车刀作横向直线进给运动。采用弯头车刀或偏刀。

三、车槽和切断

车槽时采用车槽刀作横向直线进给运动，如图6-1h所示。车槽刀刀头长度应略大于工件槽深，切断时刀头长度应略大于工件半径。车槽和切断时，切削条件较差，应采用较小的切削用量。

四、钻孔、扩孔和铰孔

在车床上钻孔、扩孔和铰孔，都是把孔加工刀具安装在尾座套筒的锥孔中，转动尾座手轮使刀具手动纵向作直线进给。在实心工件上用钻头加工直径较小孔为钻孔，如图6-1b所示。用扩孔钻扩大已钻出的孔为扩孔。用铰刀对孔进行精加工为铰孔，如图6-1c所示。用中心钻钻中心孔，如图6-1a所示。

五、镗孔

用镗刀对工件上的毛坯孔或经加工所得孔进行加工称为镗孔，如图6-1f所示。镗孔切削条件较差，刀杆细长，刚性差，排屑困难，又不便观察。通常镗孔的切削用量比车外圆要低。镗孔分为粗镗和精镗。

六、车螺纹

螺纹的种类很多，有米制螺纹、英制螺纹、梯形螺纹、方牙螺纹等。车床上可以车削各种螺纹。采用与被车螺纹牙型截面相同的螺纹车刀，由工件作旋转的主运动，工件每转一转，车刀纵向进给一个导程，即可完成螺纹的加工，如图6-11所示。

七、车圆锥面

车圆锥面时，使车刀移动的轨迹与工件轴线成一角度，即可加工出一定锥角的圆锥面，如图6-1j所示。车圆锥面的方法通常采用以下两种。

1. 小滑板转位法

工件作旋转的主运动，松开固定小滑板的螺母，将小滑板转过一定角度（半锥角），然后把螺母紧固，手摇小滑板手轮，使小滑板带动车刀作斜向进给，即可加工出所需圆锥面，如图6-24所示。此法操作简单，应用广泛，适用于加工锥度较大而长度较短的内外圆锥面。

2. 偏移尾座法

将尾座体横向移动一定距离，工件安装在前后顶尖之间，使工件回转轴线与车床主轴轴线形成一定夹角，车刀作自动纵向直线进给，即可车出所需圆锥面，如图6-25所示。

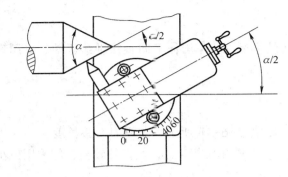 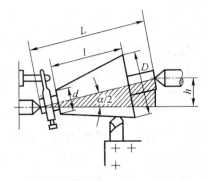

图 6-24 小滑板转位法车锥面　　　　图 6-25 用偏移尾座法车锥面

此外，在大批量加工锥度较小、锥面较长、精度要求又较高的内外圆锥面时，可采用专门的靠模装置。切削时，床鞍作自动进给，中滑板被床鞍带动的同时，受靠模的约束，获得纵向和横向的合成运动，从而使车刀车削出所需的圆锥表面。

八、车成形面

车削一些具有回转成形面的零件，如手柄、圆球等，可采用以下三种方法。

1. 双手操作法

当工件数量较少、精度要求不高时，可用双手分别操纵中滑板和小滑板的手柄，使车刀按所需轮廓作纵向和横向的进给运动，加工出所需的成形面，如图 6-1i 所示。

2. 成形车刀法

在成批大量生产中加工形状不太复杂、长度较短的成形面时，可采用成形车刀车削。成形车刀的刀刃的形状与成形直母线形状相吻合，成形车刀作横向直线进给运动，车出所需成形面，如图 6-26 所示。

3. 靠模尺法

在大批量生产中，常采用靠模装置车成形面，车出的成形面比较精确，生产率较高。如图 6-27 所示为用靠模尺来车削手柄的成形面，此时刀架的中滑板已经与丝杠脱开，其前端的拉杆上装有滚柱。当床鞍纵向走刀时，滚柱即在靠模尺的曲线槽内移动，从而使车刀刀尖随着作曲线移动，同时用小滑板控制切深，即可切出手柄的成形面。

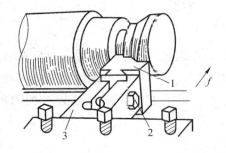 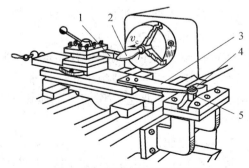

图 6-26 成形车刀车成形面　　　　图 6-27 用靠模尺车成形面
1—刀头；2—紧固件；3—刀体　　　1—尖头车刀；2—工件；3—连接板；
　　　　　　　　　　　　　　　　　4—靠模板；5—滚柱

九、滚花

设备仪器和工具的手握部分，为了便于手握和增加美观，常在表面滚出各种花纹。滚花是在车床上用滚花刀滚压工件表面，使其产生塑性变形而实现的，如图 6-1k 所示。

第五节 典型零件的车削加工

一、短轴类零件的车削

图 6-28 所示为螺栓零件，是带螺纹的短轴类零件，最大直径为 φ25mm，所以选用 φ30mm 棒料毛坯。因工件不长，可用三爪自定心卡盘装夹，在一次安装中可车出主要加工表面。其车削步骤如图 6-29 所示。

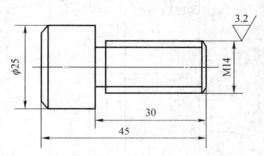

图 6-28 螺栓零件图

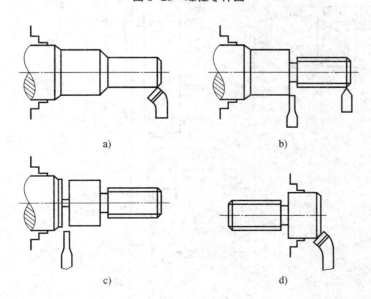

图 6-29 螺栓车削步骤

a) 车端面，粗车和精车各外圆；b) 切槽和车台阶，车螺纹；
c) 切断；d) 调头安装，车端面，倒角

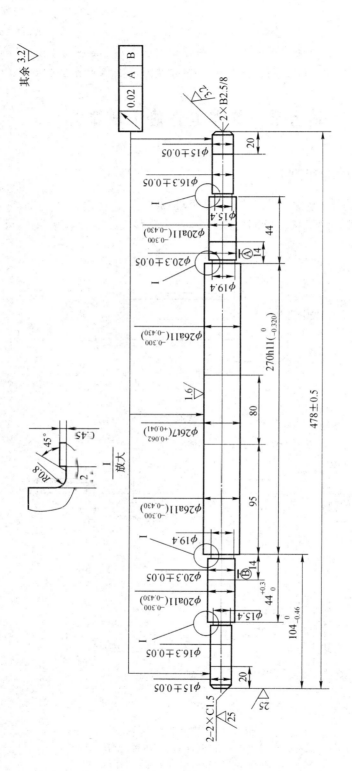

图6-30 砂轮机转轴零件

二、长轴类零件的车削

砂轮机转轴零件如图 6-30 所示。该轴 $L/d > 4$ 为长轴类零件，因工件最大直径为 $\phi25mm$，所选用 $\phi30mm$ 的热轧圆钢为坯料。工件有位置公差要求，所以采用双顶尖安装为宜。

工件精度要求较高，故应全部粗车后再精车。其车削步骤如图 6-31 所示。

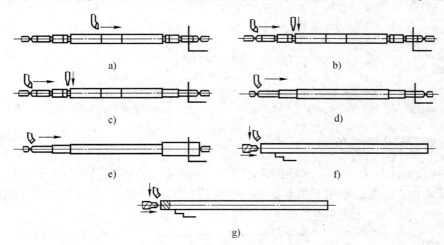

图 6-31　砂轮机转轴的车削步骤

a）车端面，打中心孔；b）车另一端面（定长），打中心孔；

c）粗车 $\phi26$ 外圆，粗车 $\phi20.3$ 外圆，粗车 $\phi16.3$ 外圆；d）调头，粗车另一端 $\phi20.3$ 外圆，粗车 $\phi16.3$ 外圆；

e）半精车 $\phi26t7$ 外圆，半精车 $\phi26a11$ 外圆，半精车 $\phi20.3$、$\phi20$ 外圆，半精车 $\phi16.3$、$\phi15$ 外圆，切槽（定长），倒角；

f）调头半精车 $\phi26a11$ 外圆，半精车 $\phi20.3$、$\phi20$ 外圆，半精车 $\phi16.3$、$\phi15$ 外圆，切槽（定长），倒角；

g）精车 $\phi26t7$ 外圆

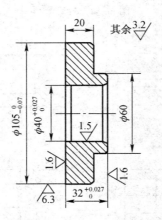

图 6-32　齿轮坯零件图

三、盘类零件的车削

齿轮坯即属盘类零件，如图 6-32 所示。应采用锻造毛坯，并锻出直径为 $\phi30mm$ 的内孔。因齿轮精度要求较高，因此在最后应以孔定位，紧配在锥度心轴上，再安装于双顶尖之间，精车全部外圆和端面，以保证其位置精度。其车削步骤如图 6-33 所示。

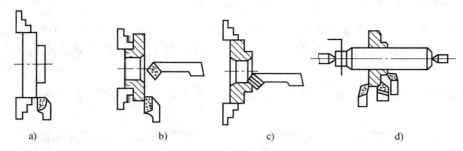

图 6-33　齿轮坯的车削步骤

a）三爪自定心卡盘装夹并找正，精车端面、粗车台阶和 $\phi60$；

b）调头装夹，粗车端面，粗车 $\phi105$、粗、精镗孔 $\phi40$，倒内角；

c）调头找正装夹，倒内角；d）心轴顶尖安装，精车 $\phi105$、$\phi60$ 和台阶，精车左右两端面，倒角

四、轴套类零件的车削

图 6-34 所示为轴套零件，该零件选用直径为 $\phi45mm$ 的热轧圆钢为坯料。零件有阶梯孔，为保证其加工精度，采用三爪卡盘在一次安装中加工完全部加工表面。其车削步骤如图 6-35 所示。

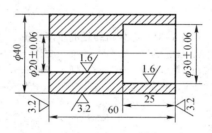

图 6-34　轴套零件

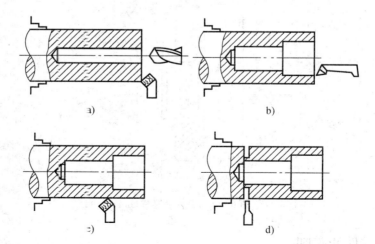

图 6-35　轴套车削步骤

a）粗车和精车端面及钻孔 $\phi19$；b）粗镗和精镗 $\phi20$ 孔及粗镗和精镗 $\phi30$ 孔；

c）粗车和精车 $\phi40$ 外圆；d）定长切断

复习思考题

1. 车床上能完成哪些主要工作？

2. 车削加工时工件和刀具必须作哪些运动？

3. 车床由哪几部分组成？各有什么功用？

4. 车锥面的方法有哪些？其特点和应用有何不同？

5. 车刀由哪几部分组成？车刀各角度的作用是什么？

6. 车床上常用的附件主要有哪些？

7. 三爪自定心卡盘和四爪单动卡盘在结构上有什么区别？各适用于什么场合？

8. 开始精车前，为什么要进行试切？

9. 车刀的主要角度有哪些？其作用如何？

10. 车刀安装时，其基本要求有哪些？

11. 常用的车刀有哪些？

12. 在车床上主要能进行哪些加工？

13. 加大切削深度时，如果刻度盘多转了 3 格，直接退回 3 格是否可以？为什么？应如何处理？

第七章　铣　　削

在铣床上用铣刀对工件进行切削加工称为铣削，它是金属切削加工中常用的方法之一。

1. 铣削的特点

1）铣削生产效率较高。铣刀是多齿刀具，铣削是由几个刀齿同时参加切削，总的切削宽度较大，因此生产效率高。

2）应用范围较广。铣刀的种类很多，而且铣床附件也较多，因而铣削可以加工多种形状表面。

3）刀齿散热条件好。在铣削时，铣刀的每个刀刃不像车刀和钻头那样连续地进行切削，而是每转一转只参加一次切削，其余大部分时间处于停歇状态，因此有利于散热。

4）刀具寿命短。铣刀在切入和切离时受热和力的冲击，加剧了刀具的磨损，甚至可能引起硬质合金刀片的破裂。

5）容易产生振动。由于铣削时参加切削的刀齿数以及在铣削时每个刀齿的切削厚度的变化，会引起切削力和切削面积的变化，因此铣削过程不平稳，容易产生振动。铣削过程的不平稳限制了铣削加工质量和生产效率的进一步提高。铣削加工的公差等级一般为 IT9 ~ IT8，表面粗糙度 R_a 为 3.2~1.6μm。

2. 铣削的应用

铣削的加工范围很广。可以加工平面、斜面、台阶、曲面及各种成形面、齿形、沟槽等，还可以利用铣床进行分度、钻孔、镗孔等。

第一节　铣　　床

铣床的种类很多，有卧式铣床、立式铣床、龙门铣床、仿形铣床、万能工具铣床等。其中卧式铣床又分为万能铣床和普通铣床，卧式万能铣床应用最为广泛。

一、铣床的分类

1. 卧式万能铣床

现以 X6132（原型号为 X62W）卧式万能铣床为例，介绍这种铣床的主要组成及功用。X6132 卧式万能铣床结构比较完善，该铣床具有转速高、变速范围大、功率大、刚性好及操作方便等优点。它的加工范围广，能加工各种平面、沟槽、成形面、齿形、螺旋面和小箱体上的孔等。其外形如图 7-1 所示。

1）床身。床身是用来连接机床其它部件的。床身内部装有变速机构。后面安装电动机。前面有燕尾形垂直导轨，升降台可沿导轨上下移动。床身上面有水平导轨，横梁可在其上移动。

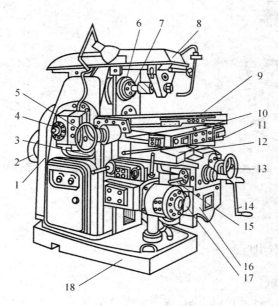

图 7-1　X6132 卧式万能铣床

1—床身；2—主传动电动机；3—主轴变速手把；4—主轴变速盘；5—纵向进给手轮；
6—主轴；7—刀杆；8—横梁；9—纵向工作台；10—纵向自动进给手把；11—转台；
12—横向工作台；13—横向进给手轮；14—升降摇把；15—横向、垂直自动进给手把；
16—升降台；17—进给变速手把；18—底座

2）横梁。横梁用来安装吊架（支架），以便支承铣刀刀杆 7 的悬出端，以增强刀杆的刚性。根据工作需要，可以调整横梁伸出的长度。

3）主轴。主轴是空心轴，前端有 7：24 的精密锥孔，用以安装铣刀刀杆，并带动铣刀旋转。

4）升降台。升降台可沿床身上的垂直导轨作上下运动，它上面有横向、纵向工作台及转台。横向工作台 12 可带动转台 11 和纵向工作台 9 一起作横向运动。纵向工作台可以在转台的导轨槽内作纵向移动，以带动安装在台面上的工件作纵向进给。转台 11 能将纵向工作台在水平面内旋转一个角度（左、右均能转动 45°），以便铣削螺旋槽等。

5）底座。底座是整个铣床的基础，承受铣床全部重量及盛放切削液。

2. 立式铣床

如图 7-2 所示是立式铣床的外形图，它与卧式铣床的主要区别是主轴与工作台面垂直。立式铣床安装主轴的部分称为立铣头，立铣头与床身有成整体的和由两部分组合而成的两种。前者刚性好，但加工范围小。后者主轴可左、右倾斜一定的角度，以适应铣削各种角度、斜面等。

3. 龙门铣床

龙门铣床的外形如图 7-3 所示。它主要用来加工大型或较重的工件，可以用几把铣刀对工件的几个表面同时加工，故生产率高，适合成批大量生产。

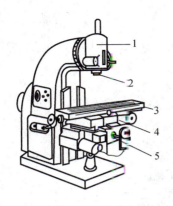

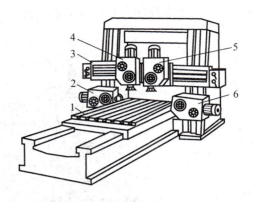

图 7-2　立式铣床
1—铣头；2—主轴；3—工作台；
4—床鞍；5—升降台

图 7-3　龙门铣床
1—工作台；2, 6—水平铣头；
3—横梁；4, 5—垂直铣头

二、铣床安全操作规程

铣床安全操作规程如下：

1）操作者必须熟练掌握铣床的操作要领和技术性能。

2）开机前必须认真检查设备的各部位、各手柄、各变速排挡，确保处在合理位置，发现故障应及时修理，严禁带病作业。

3）开机前必须按润滑图表的要求，认真做好设备的加油润滑工作。

4）工件、刀具的装夹必须牢固可靠，不得有松动现象。

5）调整转速、装拆工件、测量工件等，必须在停车后进行。

6）采用快速进给对刀时，在刀具接近工件前，必须停止快进，用手动缓慢进刀，吃刀不准过猛，严禁超负荷作业。

7）正在切削时，不准停车，铣深槽时，要停车退刀，快速进给时，要注意手柄伤人。

8）自动走刀时，必须拉脱工作台上的手柄，限位撞块应预先调整好，人不准离开运转中的设备。

9）切削时，不准戴手套，不得直接用手清除铁屑，只允许用毛刷，也不能用嘴吹。

10）刀具、工件的装夹要用专用的工具，用力不可过猛，防止滑倒。

11）下班前，操作者应按要求，认真做好设备的清洁保养，做好润滑加油及周围场地的清洁卫生，产品零件要摆放整齐，并关闭电源。

第二节　铣　刀

铣刀实质上是一种几把单刃刀具组成的多刃刀具，它的刀齿分布在圆柱铣刀的外回转表面或端铣刀的端面上。铣刀是高速切削刀具，一般用高速钢或硬质合金制成。

根据安装方法的不同，铣刀可分为两大类，即带孔铣刀和带柄铣刀。带孔铣刀多用于卧式铣床，带柄铣刀多用于立式铣床。

一、带孔铣刀

常用带孔铣刀如图7-4所示。根据外形和用途不同，带孔铣刀又可分为如下几种：

1）圆柱铣刀（见图7-4a）：主要用其周刃铣削平面。

2）三面刃铣刀（见图7-4b）：主要用于加工一定宽度的沟槽及小平面、小台阶面等。

3）锯片铣刀（见图7-4c）：主要用于切断。

4）角度铣刀（见图7-4e、f）：主要用于加工各种角度的沟槽及斜面。

5）成形铣刀（见图7-4d、g、h）：切削刃呈凸圆弧、凹圆弧、齿槽形等形状，主要用于加工与切削刃形状相对应的成形面。

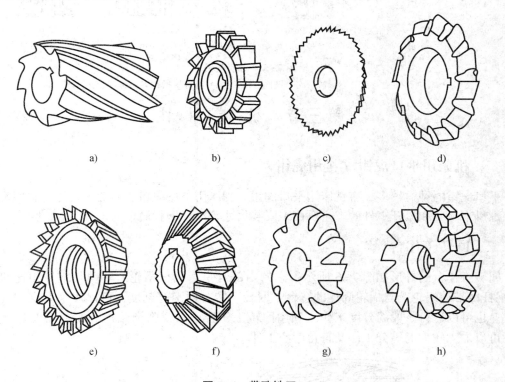

a)　　　　　　　b)　　　　　　　c)　　　　　　　d)

e)　　　　　　　f)　　　　　　　g)　　　　　　　h)

图7-4　带孔铣刀

a）圆柱铣刀；b）三面刃铣刀；c）锯片铣刀；

d）、g）、h）成形铣刀；e）、f）角度铣刀

二、带柄铣刀

常用带柄铣刀如图7-5所示。根据外形和用途不同，带柄铣刀可分为如下几种：

1）镶齿端铣刀（见图7-5a）。一般是刀齿上装有硬质合金刀片。加工平面时可以进行高速铣削，以提高效率。

2）立铣刀（见图7-5b）。有直柄和锥柄两种，多用于加工沟槽、小平面、台阶面等。

3）键槽立铣刀、半圆键键槽铣刀和燕尾槽铣刀（见图7-5c、d、e）。专门用于加工键槽和燕尾槽。

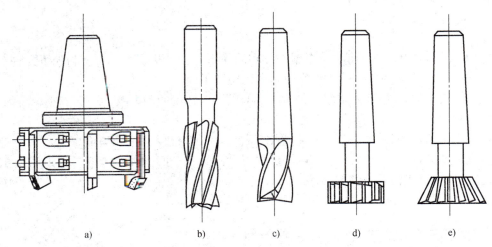

图 7-5 带柄铣刀

a）镶齿端铣刀；b）立铣刀；c）键槽立铣刀；d）半圆键槽铣刀；e）燕尾槽铣刀

第三节 铣床附件

一、机床用平口虎钳（机用虎钳）

平口虎钳的种类较多，与铣床用平口虎钳、刨床用平口虎钳、万能虎钳等。它们都是靠丝杠螺母来夹紧和松开工件的，主要用来安装尺寸较小、形状简单的工件。

二、回转工作台

回转工作台的外形如图 7-6 所示，它的内部有一套蜗杆蜗轮。转动与蜗杆相连的手轮 4，蜗杆即带动蜗轮及与蜗轮固连的转台 2 回转。转台周围有刻度，可以用来观察和确定其位置。也可以进行一般的分度工作。利用回转工作台可以铣削圆弧槽，如图 7-7 所示。另外还可以加工较大的等分工件及带角度的工件。

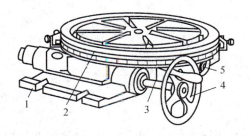

图 7-6 回转工作台

图 7-7 在回转工作台上铣圆弧槽

1—底座；2—转台；3—蜗杆轴；4—手轮；5—紧固螺钉

三、万能铣头

在卧式铣床上安装万能铣头，不仅可以完成各种立铣的工作，还可以根据工件上加工部位倾斜度的要求，把铣头主轴在两个相互垂直的平面内偏转任意角度。

万能铣头的结构如图 7-8 所示。底座 1 通过螺栓紧固在铣床的垂直导轨上，铣头的传动轴与铣床主轴相连，并将铣床主轴的运动通过两对圆锥齿轮传递给铣头主轴上的铣刀，以完成铣削工作。

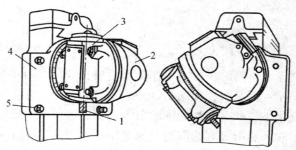

图 7-8　万能铣头

1—铣刀；2—大本体；3—小本体；4—底座体；5—螺栓

四、分度头

在铣削多边形、齿轮、花键和刻线等工作时，每铣过一个面或一道沟槽后，需转过一定角度后再进行铣削，这就是分度。利用分度头，可以对工件在水平、垂直和倾斜位置进行分度操作。

图 7-9 所示是分度头的外形图。底座 9 上装有两个导向定位键，将其嵌入工作台 T 形槽内，并使分度头主轴 2 轴线与工作台纵向平行，并可用螺栓将分度头固定在铣床工作台上。主轴前端的锥孔可安装顶尖 1；主轴前端的外螺纹与光滑轴颈可以安装三爪或四爪卡盘，以便支持和装夹不同的工件。

图 7-10 所示是分度头的传动示意图。分度时，可摇动手柄 6，通过蜗杆蜗轮带动分度头主轴进行分度。齿轮的传动比为 1，蜗杆蜗轮的传动比为 1/40。所以，手柄转 40 圈，分度头主轴恰好转一圈。如果工件需分 Z 等分，则每次分度时主轴需转过 $1/Z$ 圈，这时手柄所需的转数 n 符合下列关系：$1:40=1/Z:n$ 即 $n=40/Z$。

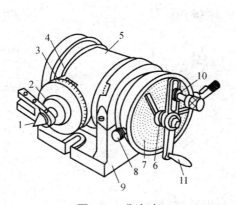

图 7-9　分度头

1—顶尖；2—主轴；3—刻度盘；4—游标尺；
5—鼓形壳体；6—分度叉；7—分度盘；
8—锁紧螺钉；9—底座；10—定位销；11—手柄

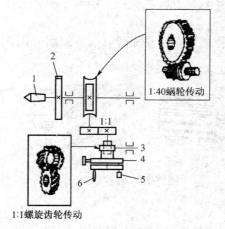

图 7-10　万能分度头的传动示意图

1—主轴；2—刻度环；3—挂轮轴；4—分度盘；
5—定位销；6—手柄

第四节 铣削方法

一、铣平面

1. 端铣

用端铣刀在卧式铣床上铣削的平面与工作台面垂直，如图 7-11 所示。在立式铣床上用端铣刀铣出的平面与工作台面平行，如图 7-12 所示。目前，铣削平面的端铣刀多是镶齿端铣刀。它的切削厚度变化小，同时参加铣削的刀齿多，切削任务主要由端铣刀的柱面上的主切削刃承担，而端面上的副刃削刃则起刮削、修光作用。因此，铣削平稳，表面质量好，生产率较高。

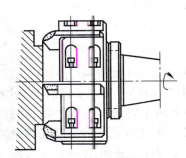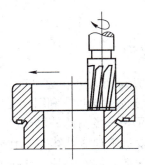

图 7-11　在卧式铣床上铣侧面　　　　图 7-12　在立式铣床上铣平面

2. 周铣

圆柱铣刀是在卧式铣床上利用柱面上的齿铣削平面，其刀齿分直齿和螺旋齿两种，如图 7-13 所示。用螺旋齿铣刀铣削时，刀齿沿螺旋线方向逐渐切入，在一个刀齿尚未脱离切削之际，其它刀齿已开始参与刃削。因此，比直齿铣刀铣削平稳，铣削质量较好，因而应用较为广泛。

圆柱铣刀在铣平面时有两种铣削方式，如图 7-14 所示。

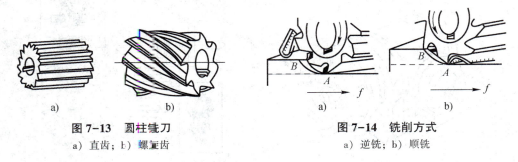

图 7-13　圆柱铣刀　　　　　　　　图 7-14　铣削方式
a）直齿；b）螺旋齿　　　　　　　a）逆铣；b）顺铣

1）逆铣：铣刀刀齿切入工件时的切入方向与进给方向相反。

2）顺铣：铣刀刀齿切入工件时的切入方向与进给方向相同。

由于铣床工作台的传动丝杠与螺母之间存在间隙，如无消除间隙的装置，顺铣时会产生进给不均，甚至打刀的现象，故在通常情况下均采用逆铣方式。

铣削平面时，工件可夹在平口虎钳上，也可用压板、螺钉直接装夹在工作台上。加工前，应根据加工表面的要求，利用铣床主轴变速盘和进给变速手把调整好转速与进给量。调整铣削深度时，先开车使铣刀旋转，再升高工作台，使工件与铣刀刚好接触就停车；将垂直进给刻度对准零线，纵向退出工作台后，根据刻度将工件升高到规定的铣削深度位置，锁紧升降台，然后开车进行铣削。

二、铣斜面

在铣削斜面时，根据零件的形状不同，可选择不同的铣削方法。

1. 斜装工件法

先把要铣的工件斜面划出加工线，单件或小批量时，可将工件直接斜压在平口虎钳上，也可与事先加工好的具有相同倾斜角度的垫铁一起安装在工作台上，如图 7-15 所示。

对于回转体工件上的斜面，还可利用分度头将工件转成所需要的位置后紧固而铣出，如图 7-16 所示。

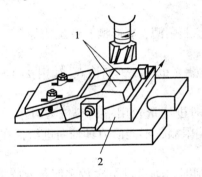

图 7-15　工件斜压在工作台

1—工件；2—斜垫铁

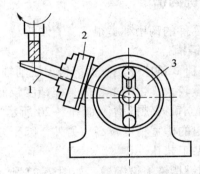

图 7-16　利用分度头加工回转体

工件上的斜面

1—工件；2—卡盘；3—分度头

对于批量较大的斜面加工，应采用专用夹具进行安装。夹具在工作台上安装校正后，工件装到夹具中无须再进行校正，节约了时间，提高了效率。

2. 扳转立铣头法

在某些立铣床（如 X5032）和安装万能铣头的卧式铣床上，铣头主轴的轴线可以偏转，因而可扳转铣头，使铣刀相对工件倾斜一定的角度，如图 7-17 所示。

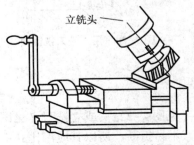

立铣头

图 7-17　扳转立铣头铣斜面

三、铣台阶面

在铣床上铣台阶面时，可采用三面刃铣刀或立铣刀，在成批大量生产中，大都采用组合铣刀同时铣削几个台阶面，如图 7-18 所示。

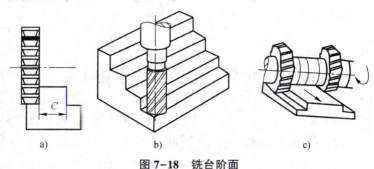

图 7-18　铣台阶面

a）用三面刃铣刀；b）用立铣刀；c）用组合铣刀

四、铣沟槽

机械零件的沟槽种类很多，有 T 形槽、键槽、燕尾槽、V 形槽、螺旋槽等。

1. 铣键槽

1）在卧式铣床上用三面刃铣刀铣削轴上的通槽（也可铣不通槽），如图 7-19 所示。铣削时进给量较大，生产率较高，但精度较低。

2）用立铣刀铣键槽，如图 7-20 所示。铣削时进给量较用三面刃铣刀时小，生产率较低，但铣出的槽宽精度较高。另外，因受刀具结构限制，不能沿刀具轴向进给，在铣封闭键槽时应先钻工艺孔。

3）用键槽铣刀铣键槽，如图 7-21 所示。铣削时，垂直进给次数多而每次吃刀深度小，纵向进给量大。用键槽铣刀铣出的键槽精度比前两种方法均高。

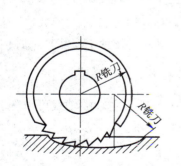

图 7-19　用三面刃铣刀铣键槽

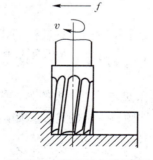

图 7-20　用立铣刀铣键槽

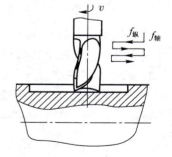

图 7-21　用键槽铣刀铣键槽

2. 铣 T 形槽

铣 T 形槽需分两步完成：

第一步，先用三面刃铣刀（见图 7-22a）或立铣刀（见图 7-22b）铣出垂直槽。因三面刃铣刀排屑、散热较容易，铣刀不易折断，所以其应用比立铣刀多。

第二步，在立式铣床上用 T 形槽铣刀铣削 T 形槽（见图 7-22c）。T 形槽铣刀工作时，三个面的刀刃都进行铣削，摩擦力较大；同时排屑困难，工作条件很差，故切削用量应选小一些，同时应多加切削液。在进刀或退刀时，最好采用手动进给。

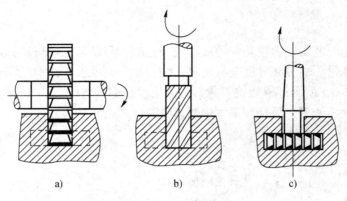

图 7-22　T 形槽加工
a)，b) 铣垂直槽；c) 铣 T 形槽

第五节　齿　形　加　工

齿轮的种类很多，如圆柱齿轮、圆锥齿轮、蜗轮和齿条等，其中以圆柱齿轮应用较多。圆柱齿轮又可分为直齿、斜齿和螺旋齿三种。齿轮的齿形大多为渐开线形，其外形如图 7-23 所示。

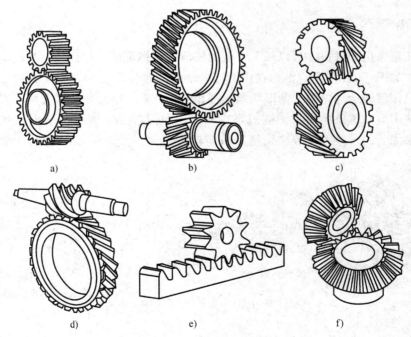

图 7-23　齿轮种类
a) 直齿圆柱齿轮；b) 斜齿圆柱齿轮；c) 螺旋齿圆柱齿轮；
d) 蜗杆和蜗轮；e) 齿条与小齿轮；f) 圆锥齿轮

齿轮的齿形加工有成形法和展成法两种基本方法。成形法一般在铣床上进行，而展成法只能在专用的齿轮加工机床上进行，如滚齿机或插齿机等。

一、铣齿轮

在铣床上应用分度头铣齿轮是一种成形法。这时，分度头和尾座均固定在铣床的工作台上，而齿轮毛坯通过心轴装在分度头与尾座之间，用与被铣齿轮槽形状完全相符的模数铣刀铣出齿形，如图 7-24 所示。模数铣刀是具有一定模数的盘状或指状成形铣刀（齿轮铣刀）。通常情况下多用盘状铣刀，只有加工大模数齿轮时才用指状铣刀。

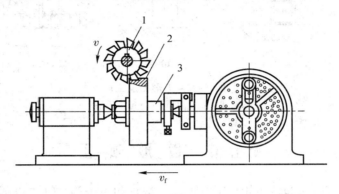

图 7-24　铣圆柱直齿轮
1—齿轮铣刀；2—齿轮坯；3—圆柱心轴

二、滚齿

滚齿是在滚齿机上进行，可以加工直齿圆柱齿轮、螺旋齿圆柱齿轮、蜗轮等。

滚齿加工如图 7-25 所示。滚刀在作旋转运动的同时，还沿被切齿轮的轴线方向缓慢地移动，齿坯只作回转运动。滚刀的形状与蜗杆相似，在垂直蜗杆螺旋线方向开有沟槽，形成切削刃。切削刃具有齿条的齿形，侧刃呈直线形，如图 7-25a 所示。滚齿是利用齿轮与齿条啮合原理来加工的。滚刀安装必须使刀齿与轮齿同向，如图 7-25b 所示。滚刀的旋转和

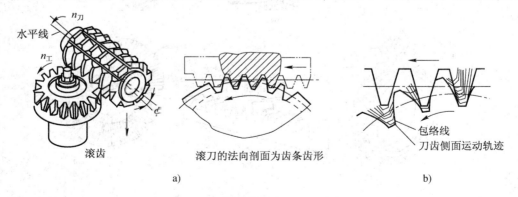

图 7-25　滚齿加工直齿圆柱齿轮
a）滚齿时滚刀与工件的啮合；b）渐开线齿形的形成

齿轮的旋转要严格保持齿条与齿轮的啮合关系。这样，滚刀齿形一系列位置的包络线就形成齿轮的齿形。随着滚刀的垂直进给齿轮的齿即被加工出来。由于齿条与相同模数的任何齿数的渐开线齿轮都能正确地啮合，所以，滚刀可以滚切同模数的任何齿数的齿轮，故生产率比较高。

三、插齿

插齿加工是在插齿机上进行的。插齿刀的形状类似一个齿轮，在齿上磨出前角、后角，从而使它具有锋利的刀刃，如图 7-26 所示。插齿时，要求插齿刀作上下往复切削运动；同时，强制地要求插齿刀与被加工齿轮之间保持严格的啮合关系，这就相当于一对齿轮啮合对滚。这样，插齿刀就能把工件上齿间金属切去而形成齿形。

同一把插齿刀，可以加工出模数相同的任何齿数的齿轮。插齿刀在制造、刃磨及检验上均较滚刀简单，易达到较高的精度。但插齿机比滚齿机复杂，传动误差大。插齿机除可加工一般圆柱齿轮外，还可方便地加工多联齿轮和内齿轮。

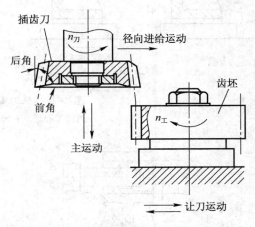

图 7-26　插齿过程

第六节　镗　　削

卧式镗床如图 7-27 所示。镗床主要用来加工大型工件上的孔，特别是箱体零件上的大直径孔，以及平行度、垂直度、同轴度及孔距要求较高的孔系。用镗床镗孔能容易保证孔的尺寸精度和位置精度，一般公差等级可达 IT7，表面粗糙度可达 $R_a 1.6 \sim 0.8 \mu m$，除镗孔外，镗床上还可以进行钻孔、铰孔和端面加工等工作。

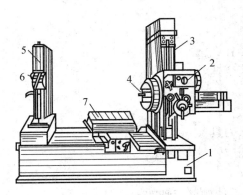

图 7-27　卧式镗床外观

1—床身；2—主轴箱；3—前立柱；
4—主轴；5—后立柱；6—尾座；7—工作台

镗孔刀具有单刃镗刀和浮动镗刀两种。单刃镗刀是把镗刀头安装在镗刀杆上，其孔径大小依靠调整刀头的悬伸长度来保证，多用于单件、小批生产中，如图 7-28 所示。可调节的浮动镗刀片的两切削刃之间的距离为孔径尺寸。切削时，浮动镗刀片在刀杆的长方孔中并不紧固，在半径方向能自由浮动，依靠两个切削刃径向切削力的动平衡来自动定心，以消除镗刀片的安装误差所引起的不良影响。

在实际生产中，常采用粗镗—半精镗—浮动镗的加工路线，适宜加工成批生产中孔径较大（$D = 40 \sim 330 mm$）的孔，如图 7-29 所示。

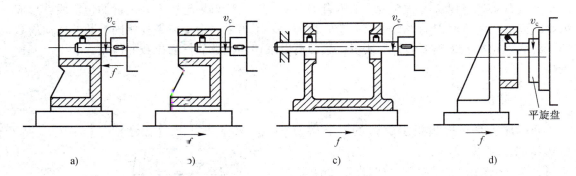

图 7-28　单刃镗刀在镗床上镗孔的方法

a）、b）悬臂式；c）支撑式；d）平旋盘镗大孔

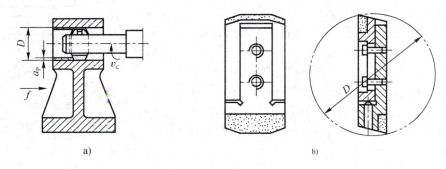

图 7-29　浮动镗刀在镗床上镗孔的方法

a）浮动镗刀镗孔；b）可调节浮动镗刀片

复习思考题

1. 铣削的加工范围有哪些？

2. 常用铣床有哪几种？各有何特点？

3. 卧式万能铣床由哪几部分组成？其主要作用是什么？

4. 铣削加工为什么要开车对刀？为什么必须停车变速？

5. 顺铣和逆铣有何不同？

6. 铣床的主要附件有哪几种？它们的用途是什么？

7. 在轴类件上铣键槽可选用什么铣床？并用什么刀具？

8. 铣一齿数 $Z=21$ 的齿轮，每铣一齿分度头手柄应转过多少圈？

9. 铣 T 形槽时为什么要先铣垂直槽？

10. 用 V 形铁夹持轴，以三面刃铣刀铣键槽时如何使槽壁与轴的轴心对称？

11. 在卧式镗床上如何加工同轴孔、大孔？

第八章 刨 削

在刨床上利用刨刀对工件进行切削加工的工艺称为刨削。刨床主要用来加工各种位置的平面（水平面、垂直面、斜面）、槽（直槽、燕尾槽、T形槽、V形槽）及一些母线为直线的曲面。刨床上能加工的典型零件如图8-1所示。刨削加工的公差等级为IT9～IT8，表面粗糙度为R_a25～3.2μm。

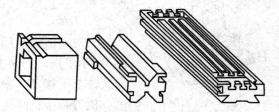

图 8-1 刨床上加工的典型零件

刨床加工时，刨刀作直线往复运动，切入切出时有较大的振动和冲击，限制了切削速度；刨刀为单刃刀具进行切削而且返程时为空行程，因此生产效率低。但刨刀结构简单，刃磨方便，设备简单，加工调整灵活。刨削加工广泛应用于单件生产、修配及狭长平面的加工。

第一节 刨 床

刨床类机床有牛头刨床、龙门刨床和插床（立式牛头刨床）等。

一、牛头刨床

牛头刨床是切削机床应用较广的一种，适合于刨削长度不超过1000 mm 的中小型零件，现以 B665 牛头刨床为例进行介绍。B665 牛头刨床如图8-2所示，由以下六部分组成。

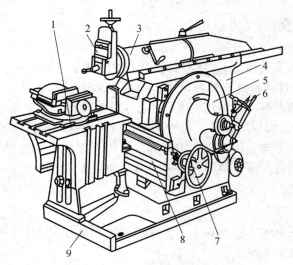

图 8-2 B665 牛头刨床外形图

1—工作台；2—刀架；3—滑枕；4—床身；5—曲柄摇杆机构；6—变速机构；7—进给机构；8—横梁；9—底座

1. 床身

床身是一个箱形铸铁件，用来支撑和连接刨床的各部分。其顶面有燕尾形导轨供滑枕作往复运动用，侧面有垂直导轨供横梁带动工作台升降用，床身内部装有传动机构和摆杆机构。

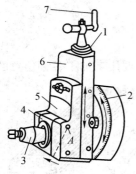

图 8-3　刀架

1—刻度环；2—刻度转盘；
3—刀夹；4—抬刀板；
5—刀座；6—滑板；
7—手柄

2. 滑枕

滑枕是长条形中空铸件，其下部有燕尾形导轨，与床身上的燕尾导轨相配合，带动刨刀作往复直线运动，滑枕前部装有刀架，内部装有丝杠，转动丝杠可调整滑枕的前后位置。

3. 刀架

刀架通过转盘固定在滑枕的前端面上，用来夹持刨刀，如图8-3所示。摇动刀架手柄时，滑板6可带动刨刀沿刻度转盘2上的导轨作上下移动。松开刻度转盘上的螺母，可将转盘扳转一定角度，使刀架作斜向移动。松开刀座5上的螺母，可使刀座偏转一定角度。抬刀板4在刨削回程时可绕轴A转动，使刀具自由上抬，减少了与工件的摩擦。

4. 横梁

横梁安装在床身前部的垂直导轨上，能带动工作台作上下移动。

5. 工作台

工作台是用来安装工件的。其通过横梁导轨与床身导轨相连，可沿横梁作水平方向移动，并可随横梁作上下位置的调整。

6. 底座

底座用来支撑和固定刨床的部件，与地基用地脚螺栓紧固。

二、龙门刨床

龙门刨床是用来刨削由几米至几十米的大型工件的。B2016A型龙门刨床的外形如图8-4所示。

龙门刨床刨削时，主运动是工作台11带动工件的往复直线运动；进给运动是垂直刀架2、13在横梁上的水平移动和侧刀架在立柱1、14上的垂直移动。

龙门刨床的主要特点是：自动化程度高，各主要运动的操纵都集中在机床的悬挂按钮站3和电器柜的操纵台上，操纵方便；工作台的工作行程和返回行程速度均可在不停车的情况下独立无级调整；四个刀架（两个垂直刀架和两个侧刀架）可单独或同时手动或自动切削；各刀架都有自动抬刀装置，可避免回程时刨刀与已加工表面的摩擦。

三、插床

插床是刨床的一个分支，也可称立式刨床。它可用来加工方、长、多边孔和孔内键槽，B5032型插床外形如图8-5所示。

插床的结构和工作原理与牛头刨床基本相同，只是插床的滑枕1在垂直方向。插削时，主运动是刀具的垂直往复运动，进给运动由工作台3带动工件完成。工作台由三层组成：下滑板可沿床身导轨作纵向进给；上滑板可沿下滑板导轨作横向进给；圆形工作台可作圆周回转进给。

插床与刨床一样，生产率较低，工件的加工质量主要由工人的技术水平来保证，所以插床多用于单件、小批生产或工具车间及修配车间等。

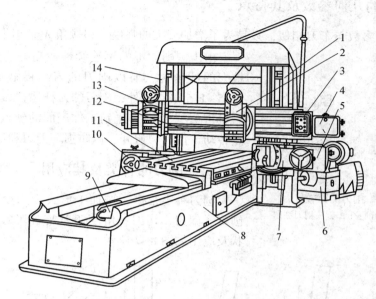

图 8-4　B2016A 型龙门刨床外形图

1—右立柱；2—右垂直刀架；3—悬挂按钮站；4—垂直刀架进给箱；5—右侧刀架进给箱；
6—工作台减速箱；7—右侧刀架；8—床身；9—液压安全器；10—左侧刀架进给箱；
11—工作台；12—横梁；13—左垂直刀架；14—左立柱

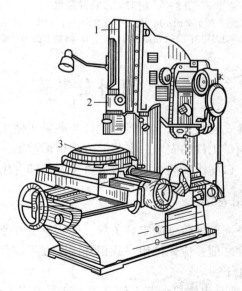

图 8-5　B5032 型插床外形图

1—滑枕；2—刀架；3—工作台

第二节　刨　　刀

一、刨刀的几何参数及其特点

刨刀的几何参数与车刀相似，只是为了增加刀尖的强度，刃倾角 λ_s 一般取正值。

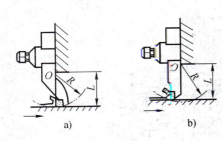

图 8-6　刨刀的比较

a) 弯头刨刀刨削；b) 直头刨刀刨削

由于刨削加工的不连续性，刨刀切入工件时受到较大的冲击力，所以刨刀的刀杆横截面积较车刀大 1.25~1.5 倍。此外，刨刀的刀杆往往做成弯头，如图 8-6a 所示。当刀具碰到工件表面的硬点时，能围绕 O 点转动，使刀刃避开，以防损坏刀刃和工件表面。

二、刨刀的种类及其应用

刨刀种类很多，按加工形式和用途不同分为平面刨刀、偏刀、切刀、角度偏刀及弯切刀等，刨刀的形状及应用如图 8-7 所示。

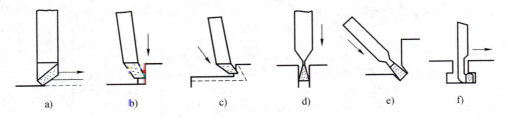

图 8-7　刨刀的形状及应用

a) 平面刨刀刨水平面；b) 偏刀刨垂直面；c) 角度偏刀刨斜面；
d) 切刀切断工件；e) 切刀刨槽；f) 弯切刀刨 T 形槽

第三节　工件的安装

刨削前，必须先将工件安装在刨床上。经过定位与夹紧，使工件在整个加工过程中始终保持正确位置，这个过程叫做工件的安装。安装的方法根据被加工工件的形状、尺寸及生产批量而定，主要有机床用平口虎钳安装、工作台上直接安装和专用夹具安装三种。

一、机床用平口虎钳安装

机床用平口虎钳是一种通用性较强的安装工具，使用灵活方便，适合安装形状简单、尺寸较小的工件。在安装工件之前，应先把钳口找正并固定在工作台上。

安装工件时注意事项如下：

1）工件的被加工面必须高出钳口。若工件高度不够，可用平行垫铁垫高。

2）为了保护钳口不受损坏，在夹毛坯时常在钳口上先垫上铜皮等护口片。

3）使用垫铁夹紧工件时，要用木锤或手锤轻击工件的上平面，使工件与垫铁贴紧。夹紧后，要用手抽动垫铁，如有松动，说明工件与垫铁贴合不好，刨削时工件可能会松动。此时，应松开平口虎钳重新夹紧，如图8-8所示。

4）安装刚性较差的工件时，为防止工件变形，应先将工件的薄弱部分作出支撑或垫实，然后再夹紧，如图8-9所示。

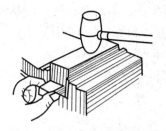

图8-8 工件在平口虎钳中装夹

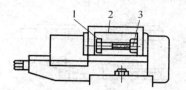

图8-9 框形工件的夹紧
1—螺栓；2—工件；3—螺栓支撑

5）如果工件按划线加工，可用划线盘或卡钳来校正工件，如图8-10所示。

二、在工作台上直接安装

当工件的尺寸较大或不便于用平口虎钳安装时，可直接在工作台面上安装，常用的形式如图8-11所示。

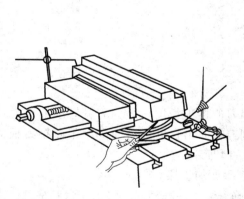

图8-10 校正工件上下平面
与工作台面的平行

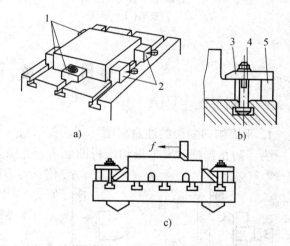

图8-11 在工作台上直接安装工件的几种方法
a）用螺钉撑和挡铁；b）用压板螺栓；c）用挤压的方法
1—挡铁；2—螺钉撑；3—压板；
4—螺栓；5—压板支撑

在工作台上直接安装工件的注意事项如下：

1）安装时，应认真清理工作台面，使工件底面与之贴实。如果工件底面不平，应使用铜皮、铁皮或楔铁等将工件垫实。

2）在工件夹紧前后，都应检查工件的安装位置是否正确。如工件夹紧后位置发生移动或变形，应松开工件重新夹紧。

3）工件的夹紧位置和夹紧力要适当，否则，易导致工件的移动或变形。

4）用压板螺栓安装工件时，各种压紧方法的正、误比较如图8-12所示。

三、专用夹具安装

专用夹具安装工件，既迅速又位置准确，无须找正，但需要预先设计制作专用夹具，所以必须用于成批大量生产。图8-13所示为利用角度弯板刨斜面的实例。

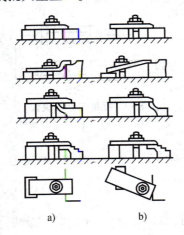

图 8-12　压板的使用

a）正确；b）错误

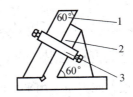

图 8-13　用专用夹具安装

1—工件；2—专用夹具；3—夹紧装置

第四节　刨削方法

一、刨平面

1. 平面刨刀安装的注意事项

为了防止刨削时发生振动或折断刨刀，直头刨刀的伸出长度一般为刀杆厚度的 1.5～2 倍；弯刀刨刀的伸出长度以弯曲部分不碰抬刀板为宜，如图8-14所示。

2. 刨削平面的步骤

1）正确安装工件和刨刀，将工作台调整到使刨刀刀尖略高于工件待加工面的位置；调整滑枕的行程长度和起始位置。

2）转动工作台横向进刀手柄，将工件移至刨刀下面；开动机床；摇动刀架手柄，使刨刀刀尖轻微接触工件表面，停车。

3）转动工作台横向进刀手柄，使工件移至一侧离刀尖 3～5mm 处。

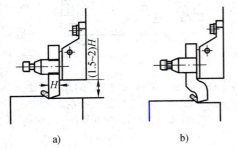

图 8-14　刨刀的伸出长度

a）直头刨刀的伸出长度；

b）弯头刨刀的伸出长度

4）摇动刀架手柄，使刨刀向下进刀至选定的刨削深度为止。

5）转动棘轮罩和棘爪，调整好工作台的进给量和进给方向。

6）开动机床，刨削工件宽1～1.5mm时停车，用钢直尺和游标卡尺测量刨削深度是否正确。检查无误后再开车将整个平面刨平。

二、刨垂直面

刨垂直面就是用刀架垂直进刀加工平面的方法，主要用于狭长工件的两端面或其它不能在水平加工的平面。加工垂直面应注意：

1）应使刀架转盘的刻线对准零线。如果刻线不准，可按图8-15所示的方法找正。

2）刀座应按上端面偏离加工面的方向偏转10°～15°，如图8-16所示。其目的是使刨刀在回程抬刀时离开加工表面，以减少刀具磨损。

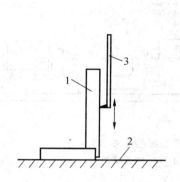 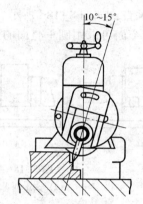

图8-15　找正刀架垂直的方法
1—90°角尺；2—工作台；
3—安在刀架上的弯头划针

图8-16　刨垂直面时刀座倾斜的方向

三、刨斜面

刨削斜面最常用的方法是倾斜刀架法。刨外斜面时，刀架的倾斜角等于工件待加工斜面与机床纵向铅垂面的夹角。刨内斜面时，还要使刀座倾斜，其方向、角度均与刨垂直面相同，如图8-17所示。

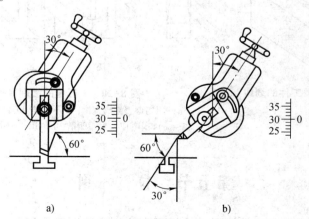

a)　　　　　　　　　　b)

图8-17　倾斜刀架法刨斜面
a）刨外斜面；b）刨内斜面

四、刨正六面体零件

正六面体零件要求柱对面平行，而相邻面垂直。保证四个面垂直度的加工顺序如下：

1）以较为平整或较大的毛坯平面3作为粗基准，刨平面1，如图8-18a所示。

2）将面1贴紧固定钳口，在活动钳口与工件中部之间垫一圆棒，然后夹紧，刨削平面2。平面2对平面1的垂直度取决于固定钳口与水平进刀的垂直度。如图8-18b所示。

3）将平面1贴紧固定钳口，平面2贴紧钳底，刨平面4，这样可保证平面4与平面2平行，且与平面1垂直，如图8-18c所示。

4）将平面1朝下放在平行垫铁上，刨平面3。这样可保证平面3与平面1平行，且与平面2、4垂直，如图8-18d所示。

其它两个面可采用刨垂直面的方法或找正后水平位置刨出。

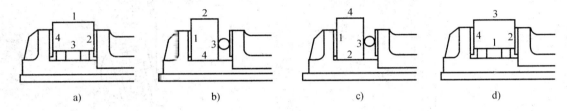

图8-18 保证正六面体四个面垂直的加工方法
a）刨平面1；b）刨平面2；c）刨平面4；d）刨平面3

五、刨T形槽

刨T形槽，应先将工件的各个关联平面加工完毕，并在工件前后端面及上平面划出加工线，如图8-19所示。然后按线找正加工，加工顺序如图8-20所示。

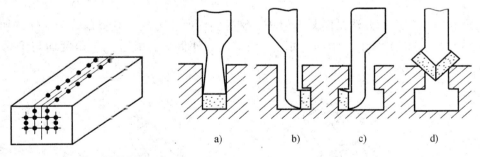

图8-19 T形槽工件的划线 　　　图8-20 T形槽的刨削顺序

a）用切槽刀刨出直槽；b）用弯切刀刨右侧凹槽；

c）用弯切刀刨左凹槽；d）用45°刨刀倒角

第五节　拉　削

用拉刀加工工件的工艺叫做拉削。拉削可在拉床或液压机上进行。卧式拉床如图8-21所示。

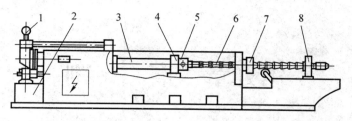

图 8-21 卧式拉床示意图
1—压力表；2—液压部件；3—活塞拉杆；
4—随动支架；5—刀架；6—拉刀；7—工件；8—随动刀架

圆孔拉刀如图 8-22 所示。拉削主要用来加工其它通用机床难以加工出来的各种形状的孔，如图 8-23 所示。

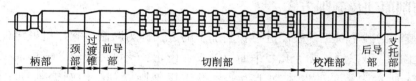

图 8-22 圆孔拉刀

拉削前，必须先在工件上加工出底孔，以便将拉刀穿过。拉削时，工件 7 不动，拉刀 6 由拉床的活塞拉杆 3 拉着作直线运动。拉刀从工件 7 上每拉过一个刀齿就剥下一层金属。当全部刀齿通过工件之后，孔的加工也就完成了。由此可见，拉削加工的特点是粗精加工一次完成，生产率高，加工质量好，加工精度等级为 IT9～IT7，表面粗糙度为 $R_a 1.6 ～ 1.8\mu m$，由于一把拉刀只能加工一种尺寸的表面，且拉刀较昂贵，所以拉削加工只适用于大批量生产。

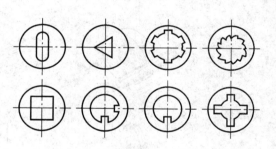

图 8-23 拉削能加工的孔

复习思考题

1. 与车削、铣削比较，刨削运动有何特点？
2. 牛头刨床主要由哪几部分组成？各有何功用？
3. 刨刀与车刀比较有何特点？
4. 刀座的作用是什么？刨削垂直面和斜面时刀架的各个部分如何调整？
5. 简述刨削正六面体零件的操作步骤。
6. 龙门刨床与牛头刨床比较有哪些特点？它适合加工什么样的零件？
7. 插床适合加工什么样的表面？
8. 拉削有何特点？它适合加工什么样的表面？

第九章 磨 削

第一节 概 述

一、磨削原理及磨削方式

用高速旋转的砂轮对工件表面进行切削加工的方法称为磨削。它在机械零件制造中通常作为精加工工序，可以磨外圆、孔、平面、螺纹、齿轮、花键、导轨、成形面以及各种刀具等。如图9-1所示为常见的磨削加工方式，其中以外圆磨削、内圆磨削和平面磨削最为常见。

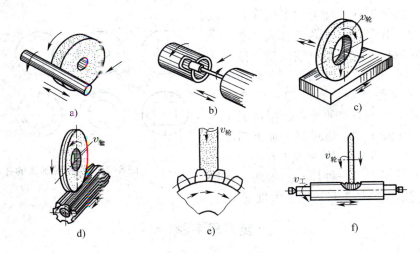

图9-1　磨床的主要加工方式

a) 外圆磨床磨外圆；b) 内圆磨床磨内圆；c) 平面磨床磨平面；
d) 花键磨床磨花键槽；e) 齿轮磨床磨齿面；f) 螺纹磨床磨螺纹面

二、磨削加工的特点

磨削加工与其它切削加工相比具有如下特点：

1) 适合磨削硬度很高的淬硬钢及其它高硬度的特殊金属材料和非金属材料。

2) 可以获得很高的加工精度和表面质量。精度可达 IT8~IT5，甚至更高。一般磨削的表面粗糙度 R_a 为 1.25~0.15μm，最高可达到 R_a0.1μm，称为镜面磨削。

3) 通常情况下，磨削加工余量较小，仅留 0.1~1mm 或更小。因此，磨削常作为精加工或半精加工工序。

4）磨削温度高。由于磨削速度快，产生热量大，磨削区瞬间温度可达 1000℃ 左右。因此，磨削时应加注切削液冷却。

第二节 砂 轮

一、砂轮的特性

砂轮是磨削的切削工具，是由磨料与结合剂组成的多孔物体，如图 9-2 所示。磨料、结合剂、空隙构成砂轮结构三要素。砂轮的特性包括磨料、粒度、结合剂、硬度、组织、最高线速度、形状与尺寸七个方面。

磨料是砂轮的主要成分，直接担负切削工作，必须具有很高的硬度、耐热性和一定的韧性等。常用的磨料有刚玉类（Al_2O_3）、碳化硅类（SiC）和金刚石类三大类。刚玉类磨料适合磨削碳钢及合金钢刀具；碳化硅类磨料适合磨削铸铁、青铜等脆性材料及硬质合金刀具等；金刚石类磨料，主要用于磨硬质合金、玻璃、宝石等难加工的高硬材料。

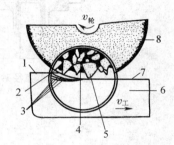

图 9-2 磨削原理图
1—待加工表面；2—空隙；3—切削表面；
4—结合剂；5—磨粒；6—工件；
7—已加工表面；8—砂轮

粒度表示磨料颗粒的大小。粒度号越大，颗粒越细。一般粗磨用 46~60 号，精磨用 80~100 号。

结合剂是砂轮中用以粘结磨粒的物质。它影响砂轮的强度、耐热性、耐冲击性和耐蚀性。常用的结合剂有陶瓷结合剂、树脂结合剂、橡胶结合剂和金属结合剂。

硬度表示磨粒在磨削力的作用下脱落的难易程度。砂轮的硬度越低，磨粒越易脱落。

组织表示砂轮结构的疏密程度，反映了磨粒、结合剂与孔隙之间的关系。它以磨粒占砂轮体积的百分比来确定，组织号越大，组织越疏松，磨削时不易堵塞、效率高，但磨刃少、磨削后工件表面较粗糙。砂轮组织分为紧密、中等和疏松三大类。

最高线速度表示砂轮允许的最高磨削速度（m/s）。

常用砂轮的形状有平形、双斜边形、双面凹形、筒形、杯形、碗形和碟形等。尺寸包括砂轮外径、宽度和孔径。

为便于选用砂轮，在砂轮的非工作表面上印有特性代号，如：

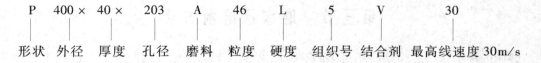

P	400 ×	40 ×	203	A	46	L	5	V	30
形状	外径	厚度	孔径	磨料	粒度	硬度	组织号	结合剂	最高线速度30m/s

二、砂轮的检查、安装、平衡和修整

砂轮因在高速下工作，新砂轮安装前必须经过检查，不允许有裂纹。检查的方法是：

1）目测：用肉眼观察不应有裂纹。

2）敲击：用一根细绳将砂轮吊起，用小木锤轻轻敲击砂轮。声音清脆为合格；若为哑声，则不能使用。

3）试转：经上述检查后装到砂轮主轴上，在工作速度下运转 5min，再目测是否有裂纹。

安装砂轮时，要求将砂轮不松不紧地套在轴上。在砂轮与法兰盘之间垫上 1～5mm 厚的弹性垫板（皮革、橡胶或石帛板），如图 9-3 所示。

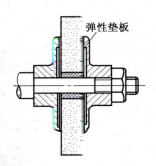

图 9-3　小直径砂轮的安装

图 9-4　砂轮的平衡

1—砂轮；2—心轴；3—砂轮套筒；
4—平衡架；5—平衡轨道；6—平衡铁

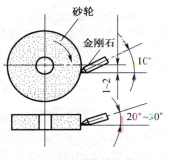

图 9-5　砂轮的修整

为使砂轮平稳地工作，砂轮安装后一般要做静平衡试验。平衡的装置如图 9-4 所示。砂轮静平衡的操作方法是：将砂轮与砂轮套筒、心轴装在一起，放在平衡架刀口上。如果不平衡，较重的部分会自动转到下面，这时可将法兰盘端面环槽内的平衡铁向上移动，然后再进行检查。这样反复进行，直到砂轮可以在刀口上任意位置都可静止，这说明砂轮连同砂轮套筒的各部质量相对于中心是平衡的。一般直径大于 125mm 的砂轮都应进行静平衡。

修整是指砂轮工作一定时间后，砂轮表面的磨粒逐渐变钝，空隙被堵塞，这时必须进行修整工作。修整的作用是使磨钝的磨粒脱落，以恢复砂轮的切削能力和外形精度。砂轮常用金刚石工具进行修整，如图 9-5 所示。修整时要用切削液充分冷却，避免因温度剧烈升高造成金刚石破裂。

第三节　磨床及磨削方法

磨床的种类很多，包括应用最多的有外圆磨床、平面磨床、内圆磨床，以及工具磨床、花键磨床、齿轮磨床、螺纹磨床等各种专门用途的磨床。

一、外圆磨床及磨削方法

外圆磨床分为普通外圆磨床和万能外圆磨床。图 9-6 所示为 M1432A 型万能外圆磨床。其中，M 表示磨床，是"磨庆"汉语拼音的第一个字母（大写）；1 表示外圆磨床组；4 表示万能外圆磨床型；32 表示最大磨削直径的 1/10，即最大磨削直径为 320mm；A 表示在性能和结构上做过第一次重大改进。

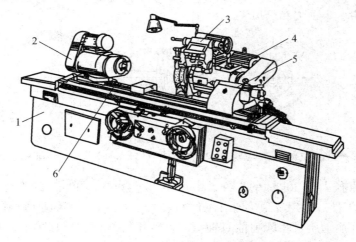

图 9-6 M1432A 型万能外圆磨床外形图
1—床身；2—头架；3—内圆磨头；4—砂轮架；5—尾座；6—工作台

1. 主要组成及其功用

M1432A 由床身、工作台、头架、尾座和砂轮架等部件组成。

1）床身：是一个箱形零件，底部作油池用。磨床的液压泵装置放在床身的后壁上，床身右后部装有电器设备。横向进给机构、工作台手柄以及电器和液压的操纵机构，均安装在床身的前壁上。砂轮架安装在床身的后上部。床身上有平行导轨，工作台在其上运动。

2）工作台：工作台有两层，下层工作台沿床身导轨作纵向往复运动，上层工作台相对下层工作台能作一定角度的回转调整，以便磨削圆锥面。

3）头架：头架上有主轴，可用顶尖或卡盘夹持工件旋转。主轴由双速电动机带动，可以使工件获得不同的转速。

4）尾座：用于磨细长工件时支持工件。它可在工作台上作纵向调整，当调整到所需位置时将其紧固。扳动尾座上的手柄，顶尖套筒可以推出或缩进，以便装夹或卸下工件。

5）砂轮架：砂轮装在砂轮架主轴上，由单独的电动机经 V 形皮带直接带动旋转。砂轮架可沿着床身后部的横向导轨前后移动，移动的方式有自动周期进给、快进和退出三种，前两种是由液压传动实现的。

万能外圆磨床与普通外圆磨床在结构上的不同之处，只是在前者的砂轮架上、头架上和工作台上都装有转盘，能回转一定角度，并增加了内圆磨具等附件，因此，扩大了它的应用范围。在普通外圆磨床上可磨削外圆柱面和长圆锥面。在万能外圆磨床上不仅可以磨削外圆柱面和外圆锥面，还能磨削内圆柱面、内圆锥面及端面。

2. 外圆磨削时工件的安装

（1）顶尖安装

顶尖安装适于有中心孔的轴类零件的安装。安装时，工件支持在两顶尖之间，如图 9-7 所示。其装夹方法与车削中所用的方法基本相同。但磨床所用的顶尖都是死顶尖，磨削时前后顶尖不随工件一起转动，以提高加工精度。工件的旋转是靠拨盘7上的拨杆2来拨动鸡心夹头1实现的。后顶尖3靠弹簧力顶紧工件，并可以自动控制工件安装的松紧程度。顶尖的构造可分为整顶尖、半顶尖和反顶尖等。

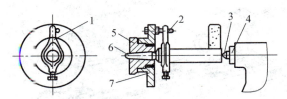

图 9-7 顶尖安装

1—鸡心夹头；2—拨杆；3—后顶尖；4—尾架套筒；5—头架主轴；6—前顶尖；7—拨盘

整顶尖用于直径大于30mm的工件；半顶尖用于直径6~30mm的工件；反顶尖适用于直径小于6mm的工件。使用反顶尖时，工件的轴端不是中心孔，而是60°圆锥。

为了提高磨削加工质量，磨削前对轴类工件的中心孔要进行修整。修整方法是用四棱（或三棱）硬质合金顶尖（见图9-8）在钻床上进行研磨。当工件中心孔较大、修整精度要求较高时，应选用油石顶尖或铸铁顶尖作前顶尖，合金顶尖作后顶尖，在车床上对中心孔进行研磨。研磨时，前顶尖旋转，工件不旋转（用手握住工件），工件与前顶尖接触的松紧程度由后顶尖来控制。这样，研好一端再研另一端，如图9-9所示。

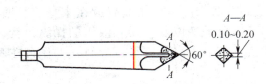

图 9-8 四棱硬质合金顶尖

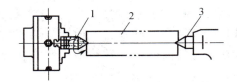

图 9-9 用油石顶尖修研中心孔

1—油石顶尖；2—工件；3—后顶尖

（2）卡盘安装

卡盘有三爪自定心卡盘、四爪单动卡盘和花盘三种。无中心孔的圆柱形工件大多采用三爪自定心卡盘装夹；不对称工件采用四爪单动卡盘装夹；形状不规则的工件采用花盘装夹。

（3）心轴安装

盘套类空心工件常以内孔定位磨削外圆，此时，必须采用心轴装夹工件。磨削加工常用的心轴有带台肩心轴、锥形心轴、胀力心轴等，如图9-10所示。心轴上有中心孔，安装时心轴连同工件支持在两顶尖之间。

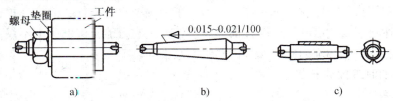

图 9-10 磨削用心轴

a）带台肩心轴装夹工件；b）锥形心轴；c）胀力心轴

3. 外圆磨床磨削运动

在外圆磨床上进行外圆磨削时，有如下几种运动：

1）砂轮的高速旋转运动是磨削外圆的主运动；
2）工件随工作台的纵向往复运动是磨削外圆的纵向进给运动；
3）工件由头架主轴带动旋转是磨削外圆的圆周进给运动；
4）砂轮作周期性的横向进给运动。

4. 外圆磨削方法

在外圆磨床上磨削外圆，常用的有纵磨法和横磨法两种。

（1）纵磨法

磨削时，砂轮高速旋转起切削作用，工件旋转并和工作台一起作纵向往复运动，如图9-11所示。每当一次往复行程终了时砂轮作周期的横向进给。每次磨削深度很小，磨削余量是在多次往复行程中磨去的。因而，磨削力小，磨削热少，散热条件好，加之最后还要作几次无横向进给的光磨行程，直到火花消失为止，所以工件的精度及表面质量高。

纵磨法具有很大的万能性，可以用一个砂轮磨削不同长度的工件；但磨削效率较低，故广泛适用于单件、小批量生产。细长轴磨削常采用纵磨法。

（2）横磨法

磨削时，工件不作纵向往复运动，砂轮缓慢连续地作横向进给运动，直至磨到要求的尺寸，如图9-12所示。

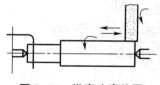 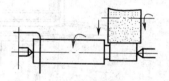

图9-11 纵磨法磨外圆　　图9-12 横磨法磨外圆

因为横磨法没有工件的轴向运动，所以生产效率较高，质量稳定，适合于成批及大量生产，尤其适用于磨削成形面。但是，横磨法一般采用较宽的砂轮，砂轮与工件接触面积大，磨削力大，发热多，磨削温度高；工件易产生变形和烧伤。因此，横磨法只适合磨削刚性好的工件，磨削时要充分冷却。横磨法加工后工件的表面质量不如纵磨好。

5. 用万能外圆磨床磨锥面

在M1432A型万能外圆磨床上，通过扳动工作台、头架、砂轮架可以磨削圆锥面。转动工作台适合磨长圆锥；转动砂轮架适合磨短圆锥，如图9-13a、b所示；转动头架并利用内圆磨具可磨削内圆锥面，如图9-13c所示。

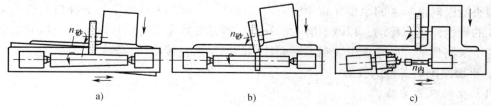

a)　　　　　　b)　　　　　　c)

图9-13 万能外圆磨床磨锥面的方法

a）磨长圆锥；b）磨短圆锥；c）磨内圆锥

6. 磨床的安全操作规程

1）工作前仔细检查砂轮有无裂纹，固定砂轮的螺母是否拧紧，检查上述正常后再经两分钟空转试验后，才能正式开始工作。

2）磨削零件时不能吃刀过猛，以防烧伤零件或砂轮破裂。

3）磨床上必须有砂轮罩；初开车时不可站在正面，以防砂轮飞溅伤人。

4）换向挡块必须仔细定准位置后才能开车，以防砂轮碰在磨床某部位上。

5）磨床运转时，严禁用手接触零件或砂轮；离开机床时必须停车。

6）工件未紧固好不得开车；使用磁性吸盘不得失灵，以防工件飞出伤人或损坏设备。

二、平面磨床及磨削方法

图 9-14 所示为 M7120A 型平面磨床。其中，M 表示磨床；7 表示平面磨床及端面磨床组；1 表示卧轴矩台式平面磨床型；20 表示磨床工作台宽度的 1/10，即工作台宽度为 200mm；A 表示磨床的性能和结构做过一次重大改进。

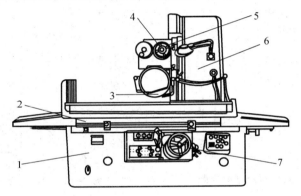

图 9-14　卧轴矩台式平面磨床
1—床身；2—工作台；3—砂轮；4—滑板；5，7—手轮；6—立柱

1. 主要组成及其功用

M7120A 型平面磨床由床身、工作台、立柱、磨头及砂轮修整器等部件组成。

（1）工作台

工作台 2 装在床身 1 的导轨上，由液压驱动作往复运动，也可以用手轮来操纵，以进行必要的调整。工作台上装有电磁吸盘或其它夹具，用来装夹工件。

（2）磨头

磨头沿横向滑板 4 的水平导轨作横向进给运动，由液压驱动或手轮 5 操纵。滑板 4 可沿立柱 6 的导轨作垂直移动，以调整磨头的高低位置及完成垂直进给运动，这一运动是通过转动手轮 7 来实现的。砂轮 3 由装在磨头壳体内的电动机直接驱动旋转。

2. 平面磨削时工件的安装

（1）电磁吸盘安装

磨削中小型工件的平面，常用电磁吸盘吸住工件进行磨削。

磨削尺寸小或壁薄的工件时，因工件与吸盘接触面积小，吸力弱，易被磨削力弹出造成事故。所以，装夹这类工件时，必须在四周用挡铁围住。

（2）压板和弯板安装

磨削大型工件上的平面时，可直接利用磨床工作台的 T 形槽或用压板与弯板装置来安装工件，如图 9-15 所示。

（3）辅助夹具安装

由铜、铜合金、铝、铝合金等非磁性材料制成的工件安装时，应在电磁吸盘上或直接在磨床工作台上安放台虎钳或简易夹具安装，如图 9-16 所示。

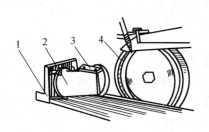

图 9-15 用压板和弯板装卡

1—弯板；2—工件；3—压板；4—砂轮

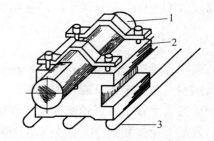

图 9-16 在电磁吸盘上用 V 形铁装夹工件

1—工件；2—V 形铁；3—电磁吸盘

3. 平面磨床的磨削运动

平面磨床主要用于磨削工件上的平面，其磨削方式通常可分为周磨和端磨两种。

周磨用砂轮的圆周面作为磨削平面，如图 9-17a 所示。这时有下列运动：

1）砂轮的高速旋转，即主运动。

2）工件的纵向往复运动，即纵向进给运动。

3）砂轮周期性横向移动，即横向进给运动。

4）砂轮对工件作定期垂直移动，即垂直进给运动。

端磨用砂轮的端面作为磨削平面，如图 9-17b 所示。这时的磨削运动包括砂轮高速旋转、工作台圆周进给和砂轮垂直进给。

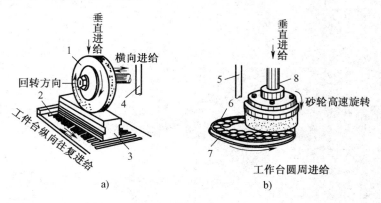

图 9-17 平面磨削的方法

a）周磨法；b）端磨法

1—砂轮；2，7—电磁吸盘；3，6—工件；4，5—切削液管；8—砂轮轴

4. 平面磨削方法的特点及应用

（1）周磨

磨削时砂轮与工件的接触面积小，排屑及冷却条件好，工件不易变形，而且砂轮磨损均匀，所以能得到较好的加工精度及表面质量。但磨削效率低，适用于精磨。

（2）端磨

磨削时砂轮轴伸出较短，而且主要受轴向力，所以刚性好。端磨不仅能采用较大的磨削用量，而且因砂轮与工件接触面积大，金属材料磨去较快，生产效率高。但是磨削热大，切削液又不易注入切削区，容易发生工件被烧伤现象，故加工质量较周磨低，适用于粗磨。

三、内圆磨削

内圆磨削主要用于磨削圆柱孔、圆锥孔及端面等。

内圆磨削在内圆磨床或万能外圆磨床上进行。和外圆磨削相比，砂轮直径受工件尺寸的限制，致使砂轮直径较小、长轴刚性差，砂轮在孔内磨削，散热、排屑条件差，磨削用量不易提高，故其加工精度和生产率均不如外圆磨削。

内圆磨削的方法有纵磨法和横磨法，其操作方法和特点与外圆磨削相似。但因内圆磨削时，砂轮轴一般较细长，易变形和振动，故纵磨法应用较广泛。

复习思考题

1. 砂轮磨料有哪些种类？主要用于哪些材料的磨削？
2. 外圆磨床由哪几部分组成？各有何功用？
3. 外圆磨削方法有几种？各有何特点？如何选用？
4. 平面磨削方法有几种？各有何特点？如何选用？
5. 磨削轴类零件和盘套类零件时应如何装夹？

第十章　钳　　工

钳工是手持工具对工件进行切削加工的方法，其操作有划线、錾、锯、锉、钻孔、铰孔、攻螺纹、套螺纹、刮削、研磨、装配、钣金成形等。

钳工工作场地主要是由工作台和台虎钳组成，如图 10-1、图 10-2 所示。

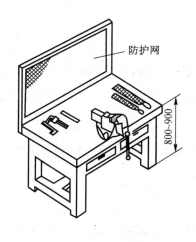

图 10-1　钳工工作台

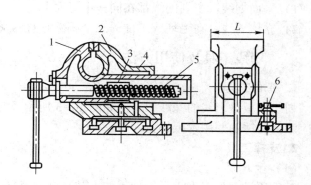

图 10-2　台虎钳
1—活动钳口；2—固定钳口；3—螺母；
4—砧面；5—丝杠；6—紧固螺钉

钳工是机械制造工厂中不可缺少的一个工种，钳工的应用范围很广，具体如下：

1）机械加工前的准备工作，如清理毛坯、划线等。

2）在单件或小批生产中制造一般的零件。

3）加工精密零件，如锉样板、模具的精加工，刮研机器和量具的配合表面等。

4）装配、调试和修理机器、仪器等。

目前，采用机械加工方法不太适宜或难以进行机械加工的场合，通常都由钳工来完成。现在，钳工工种已有了专业的分工，有普通钳工（简称钳工）、划线钳工、工具钳工、修理钳工和钣金工等。

钳工使用的工具简单，操作灵活方便。它不仅能够加工形状复杂、质量要求高的零件，还能完成一般机械加工难以完成的工作，因此，钳工在机械制造和维修工作中占有很重要的地位。但是钳工劳动强度大，生产率低，对工人技术要求较高。随着工业技术的发展，钳工操作也正朝着半机械化和机械化方向发展，以降低劳动强度和提高生产率。

第一节 划 线

一、划线的基本概念

划线是根据图样要求，在毛坯或半成品表面上划出加工图形、加工界线的一种操作。

1. 划线的作用

1）划好的线作为加工或安装工件的依据。

2）通过划线检查毛坯的形状和尺寸，并合理分配各加工表面的余量。

2. 划线的种类

按复杂程度分为平面划线和立体划线。

1）平面划线：所划的线都在同一个平面上。

2）立体划线：在毛坯或工件的三个相互垂直的平面或其它倾斜面上划线。

二、划线工具及使用方法

1. 基准工具

划线平板是划线的基准工具，如图 10-3 所示。它由铸铁制成。平板若长期不用时，表面应涂上防锈油并用木板护盖。

2. 支撑工具

（1）千斤顶

千斤顶是在平板上支承工件用的，其高度通过转动螺杆 2 来调整，如图 10-4 所示。通常用距离工件中心尽量远的三个千斤顶来支承工件，如图 10-5 所示。

正面　　　　　反面

图 10-3　划线平板

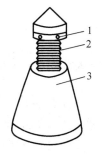

图 10-4　千斤顶

1—螺杆扳手孔；2—螺杆；3—底座

（2）V 形铁

V 形铁主要用来支承圆柱形工件，使工件轴线与平板平行，以便划出中心线，如图 10-6所示。

（3）方箱

方箱是由灰铸铁制成的，用来支承较小的工件。通过翻转方箱，可在一次装夹中划出全部互相垂直的线，如图 10-7 所示。

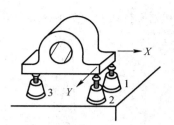

图 10-5　用千斤顶支承工件

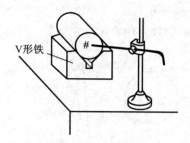

图 10-6　用 V 形铁支承工件

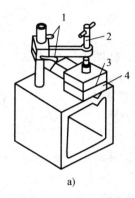

a)

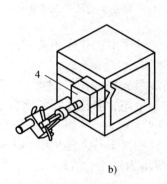

b)

图 10-7　用方箱夹持工件

a）将工件压紧在方箱上，划出水平线；b）方箱翻转 90°，划出垂直线

1—固紧手柄；2—压紧螺栓；3—划出的水平线；4—工件

3. 划线工具

（1）划针和划线盘

　　划针是在工件上划线的基本工具，如图 10-8 所示为划线的正确方法。划线盘是立体划线的主要工具。调节划针到一定高度，并在平板上移动划线盘，即可在工件上划出与平板平行的线，如图 10-9 所示。

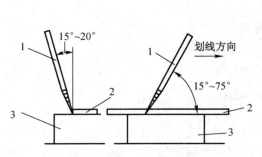

图 10-8　用划针划线的方法

1—划针；2—钢直尺；3—工件

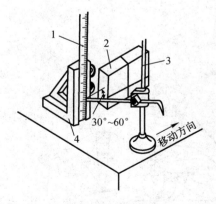

图 10-9　用划线盘划线

1—钢直尺；2—工件；3—划针；4—尺座

（2）划卡和划规

划卡就是单脚规，用它可确定圆形工件的中心和划平行线，如图 10-10、图 10-11 所示。

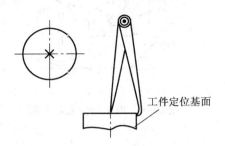
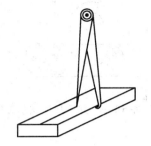

图 10-10　用划卡划圆形工件中心　　　　图 10-11　用划卡划平行线

划规即划线圆规，是平面划线作图的主要工具，如图 10-12 所示。

（3）游标高度尺

游标高度尺是高度尺和划线盘的组合，见第五章图 5-11。它是精密工具，只用于半成品划线，不允许用它划毛坯，防止碰坏硬质合金划线脚。

（4）样冲

样冲是用来在工件的线上打出样冲眼的工具，样冲眼是以备所划的线模糊后仍能找到原线位置。图 10-13a 所示为钻孔前的划线和打样冲眼，便于钻孔时的钻头对准。图 10-14 所示为样冲的正确用法。

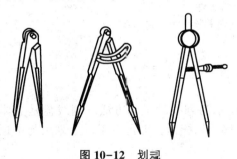

图 10-12　划规

图 10-13　划线和打样冲眼

a）钻孔前；b）钻孔后

1—定中心样冲眼；2—检查样冲眼；

3—检查圈；4—钻出的孔

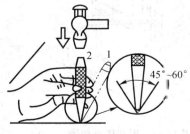

图 10-14　样冲及其用法

1—对准位置；2—冲眼

4. 量具

划线常用的量具有钢直尺、游标深度尺（见图 5-10）及 90°角尺（见图 5-18）等。

三、划线基准及选择

划线时用来作为确定工件上其它点、线、面的依据的点、线、面称为划线基准。确定基准时应考虑，若工件上有加工过的表面，则应以此表面为划线基准。若工件为毛坯，则应以重要孔的中心线为基准。若毛坯上没有重要孔，则应以较平整的大平面为划线基准。

四、划线步骤

划线的步骤如下：

1）研究图样，确定划线基准。

2）检查毛坯是否合格，并清理毛坯上的疤痕和毛刺等。

3）在划线部位涂上涂料。铸、锻坯件用大白浆；已加工面用龙胆紫加虫胶和酒精，或孔雀绿加虫胶和酒精。用木块或铅块塞孔，以便划线定孔的中心位置。

4）正确安放工件和选用划线工具。

5）划线。首先划出划线基准，然后划出水平线，再划出垂直线、斜线，最后划圆、圆弧和曲线等。

6）对照图样或实物，检查划线是否正确。检查无误，在划好的线上打样冲眼。

五、划线实例

图10-15所示是立体划线实例。其划线步骤如下：

1）根据孔中心线及上面找正，调节千斤顶，使工件水平，如图10-15a所示。

2）划出各水平线，如图10-15b所示。

3）翻转90°，用90°角尺找正划线，如图10-15c所示。

4）翻转90°，用90°角尺在两个方向找正后划线，如图10-15d所示。

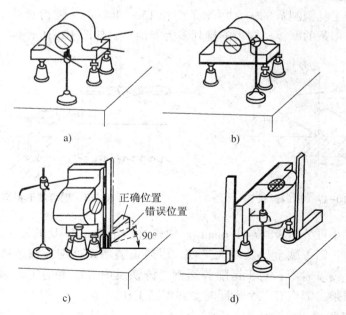

图10-15 立体划线实例

a）找正：根据孔中心及上面，调节千斤顶使工件水平；

b）（先划出划线基准）划出各水平线；

c）翻转90°，用直角尺找正划线；d）翻转90°，用直角尺在两个方向找正划线

第二节　锯削和锉削

一、锯削

锯削是用锯锯断金属材料、锯割成形或在工件上锯槽的操作。

1. 手锯构造

手锯由锯弓和锯条两部分组成。锯弓是用来安装和拉紧锯条的部件，分固定式和可调式两种，应用较广的是可调式，如图 10-16 所示。

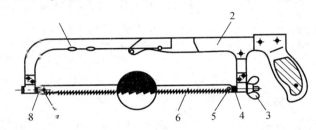

图 10-16　可调式锯弓

1—可调部分；2—固定部分；3—蝶形拉紧螺母；
4—活动拉杆；5、7—销子；6—锯条；8—固定拉杆

锯条是由碳素工具钢制成的，常用锯条约长 150～400mm。锯齿形状如图 10-17 所示。为减少锯口两侧与锯条的摩擦，锯齿的排列多为波浪形，如图 10-18 所示。

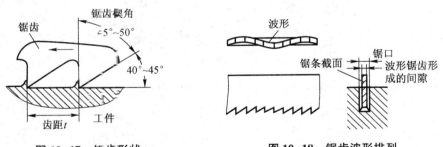

图 10-17　锯齿形状　　　　　**图 10-18　锯齿波形排列**

锯齿按齿距大小可分粗齿（$t = 1.6$mm）、中齿（$t = 1.2$mm）及细齿（$t = 0.8$mm）三种。粗齿锯条适于锯铜、铝等软金属及厚大工件，以防锯屑堵塞；细齿锯条适于锯硬材料（合金钢等）及薄板、薄壁管等；对于锯削普通钢、铸铁及中等厚度的工件多用中齿锯条。无论选用哪种齿的锯条，都应有三个齿同时参加锯削工作。

2. 锯削步骤及方法

1）锯条选择及锯条、工件安装。根据工件材料及厚度选择合适的锯条；锯条安装在锯弓上，锯齿应向前（见图 10-19）。锯条松紧要合适，否则锯削时易折断；工件应尽可能夹在台虎钳左边，以免操作时碰伤左手。工件伸出要短，夹持要牢固。

2）锯切操作。起锯时以左手拇指靠住锯条，左手稳推手柄，起锯角度稍小于15°，如

图 10-19 所示。锯弓往复行程要短，压力要轻，锯条要与工件表面垂直。锯成锯口后，逐渐将锯弓改至水平方向。图 10-19b 中左图为远起锯，右图为近起锯，初学者一般采用远起锯。

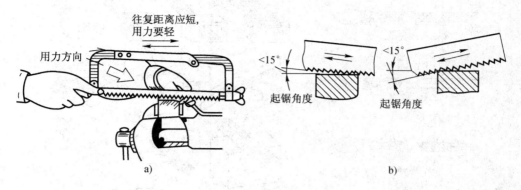

图 10-19 起锯
a）起锯姿势；b）起锯角度

锯削时，手握锯弓要舒展自然，右手握稳手柄，并向前施加推力，左手轻扶在锯弓前端，稍加压力，如图 10-20 所示。返回时锯条从工件上轻轻滑过。锯削速度不宜过快，以每分钟往复 30~60 次为宜，并用锯条全长工作，以免锯条中部迅速磨钝。在整个锯削过程中要始终保持锯缝平直。锯钢料时应加机油润滑。锯削到材料快断时，用力要轻，以免碰伤手臂或折断锯条。

图 10-20 锯削姿势和方法

二、锉削

锉削是用锉刀对工件表面进行加工的操作，也是钳工中的主要操作之一。锉削在锯削以后，以及在机器装配、维修过程中使用，锉削加工出的表面粗糙度可达 1.6~0.8μm。

1. 锉刀及使用方法

（1）锉刀的构造

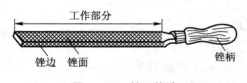

图 10-21 锉刀构造

锉刀各部分构造如图 10-21 所示，其大小以工作部分长度来表示。锉刀的锉齿多是在剁锉机上剁出来的。

锉刀的锉纹多制成双齿纹，锉削时锉痕不重叠，锉成的表面光滑；同时齿刃是间断的，在全宽的齿刃上有许多分屑槽，使锉屑碎断，不易堵塞，故锉削时较省力。

锉刀的粗细多是以每 10mm 长的锉面上锉齿齿数划分的。粗锉刀有 4~12 齿；细锉刀有 13~24 齿；光锉刀（又称油光锉）有 30~40 齿。锉刀越细，锉出的工件表面越光滑，但生产率也越低。

（2）锉刀的种类及选择

锉刀分钳工锉、特种锉和整形锉（俗称什锦锉）三大类。根据形状不同，钳工锉又分为平锉、半圆锉、方锉、三角锉、圆锉等，如图 10-22a 所示。

锉刀形状的选用，决定于加工工件的形状，如图 10-22b 所示。

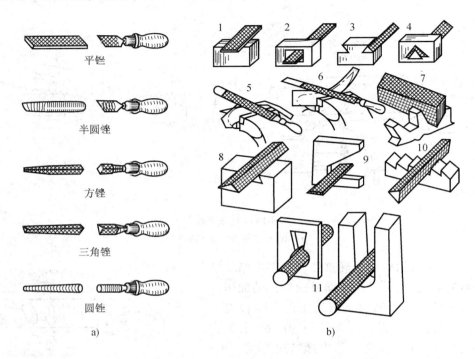

图 10-22 锉刀的种类及用途

a）锉刀的种类；b）锉刀的用途

1、2—锉平面；3、4—锉燕尾和三角孔；5、6—锉曲面；

7—锉楔角；8—锉内角；9—锉菱形；10—锉三角形；11—锉圆孔

锉刀粗细的选用，决定于工件加工余量的大小、加工精度的高低和工件材料的性质。粗锉刀的齿间距大、不易堵塞，适于加工铝、铜等软金属，以及余量大、精度低的工件；细锉刀用于加工钢、铸铁，以及余量不大、精度高、表面粗糙度数值较小的工件；光锉刀只用来修整已加工表面。

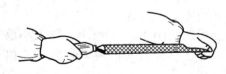

图 10-23 大型平锉刀的握法

（3）锉刀的使用方法

大型平锉刀握法如图 10-23 所示，右手握锉柄，左手压在锉端上，使锉刀保持水平。中型平锉刀握法如图 10-24a 所示，锉时仍是右手握锉柄，左手拇指和食指捏着锉端引导锉刀水平移动。小型锉刀握法如图 10-24b 所示。

锉削过程中的两手用力应不断变化，如图 10-25 所示。开始锉削时，左手压力大，右手压力小，推力大，如图 10-25a 所示；锉到中间时，两手压力相同，如图 10-25b 所示；继续推进时，左手压力逐渐减小，右手压力逐渐增大，左手起引导作用，推到最前端时两手用力，如图 10-25c 所示；锉刀回程时不加压力，如图 10-25d 所示，以减小锉齿的磨损。

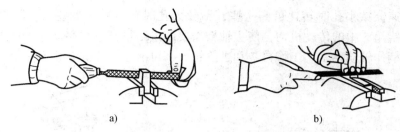

图 10-24 中、小型平锉刀的握法
a）中型平锉刀；b）小型锉刀

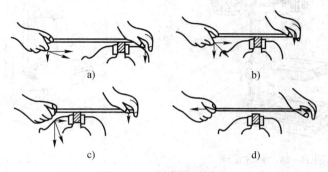

图 10-25 锉削力的平衡
a）起锉；b）中间位置；c）前端（端部）；d）回程

2. 锉削时的姿势

锉削时身体的重量要放在左脚上，右膝要伸直，脚始终站稳不动，靠左膝的屈伸而作往复运动。

第三节 钻 孔

机器及工艺设备上都有孔，钻孔、扩孔、铰孔是钳工经常要做的工作。

一、钻床的种类

钻床的种类很多，常用的有台式钻床、立式钻床和摇臂钻床。

1. 台式钻床

台式钻床又称台钻，如图 10-26 所示。它是一种小型钻床，安放在工作台上。其钻孔直径一般在 12mm 以下，最小可以钻小于 1mm 的孔。由于加工的孔径较小，台钻的主轴转速一般较高，最高的转速每分钟可近万转。主轴的转速可用改变 V 形胶带在带轮上的位置来调节。台钻主轴的进给可通过操纵手柄 11 来完成。同时工作台 10 亦可沿立柱 6 上下移动，且可在垂直平面内左右倾斜 45°。台钻灵活性大、使用方便，主要用来加工小型零件上各种小孔，在仪表制造、钳工装配中用的最多。

2. 立式钻床

立式钻床又称立钻，如图 10-27 所示。这类钻床最大钻孔直径有 25mm、35mm、40mm和 50mm 几种，其规格用最大钻孔直径来表示。电动机 3 的转动通过主轴箱 4 使主轴 6 获得需要的各种转速。钻小孔时转速可高一些，钻较大孔时转速可稍低些。主轴除作旋转运动外，还通过进给箱 5 中的传动机构，使主轴按需要的进给量作直线移动——进给运动，同时可通过操纵手柄作轴向移动。工作台 7 和进给箱 5 都可沿立柱 2 的导轨面作上、下移动。

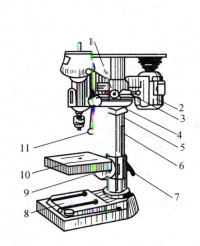

图 10-26　台式钻床

1—主轴架；2—电动孔；3, 11—手柄；
4, 9—螺钉；5—保险环；6—立柱；
7—手柄；8, 10—工作台

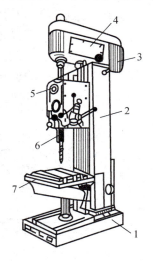

图 10-27　立式钻床

1—底座；2—立柱；3—电动机；
4—主轴箱；5—进给箱；
6—主轴；7—工作台

在立式钻床上加工一个孔后再钻另一个孔时，须移动工件，使钻头对准另一个孔的中心，这对一些较大的工件移动起来比较麻烦，因此，立式钻床只适于加工中小型工件。

3. 摇臂钻床

图 10-28 所示是摇臂钻床。它有一个能绕立柱 5 转动 360°的摇臂 3，摇臂带着主轴箱 4 可沿立柱垂直移动，同时主轴箱还能在摇臂上作较大范围内的横向移动，使得操作时刀具位置的调整很方便。由于上述特点，使摇臂钻适宜在笨重的大工件以及多孔工件上钻孔。

手电钻主要用于不便使用钻床的场合，钻直径 12mm 以下的孔。手电钻的电源有 220V 和 380V 两种，它携带方便，操作简单，使用灵活，应用较广泛。

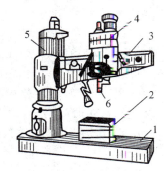

图 10-28　摇臂钻床

1—机座；2—工作台；3—摇臂；
4—主轴箱；5—立柱；6—主轴

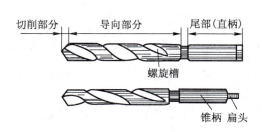

图 10-29　麻花钻

二、钻孔工艺

钻孔是钻头在实体材料上加工孔的方法。如图 10-29 所示为所用麻花钻头，其前端为切削部分。此部分有两个对称的主刀刃，两刃之间夹角通常为 116°～118°，称为顶角；钻头顶部两主后刀面的交线是横刃，这在其它刀具上是没有的。横刃的存在使钻削时轴向力增加。导向部分有两个刃带和两个螺旋槽。刃带的作用是引导钻头并修光孔壁；螺旋槽的作用是排屑和输送切削液。

麻花钻头按尾部形状（柱柄与锥柄）的不同有不同的装夹方法。锥柄钻头可以直接装入机床主轴的锥孔内。当钻头的尾部小于机床主轴锥孔时，则需用过渡套筒。因为过渡套筒要和各种规格的麻花钻装夹在一起，所以套筒一般需数只。柱柄钻头通常用钻夹头装夹。

在钻床上钻孔时，工件固定不动，钻头旋转（主运动）并作轴向移动（进给运动）。钻孔的加工精度一般为 IT12 左右，表面粗糙度 R_a 为 12.5mm 左右。

第四节　攻螺纹与套螺纹

攻螺纹是用丝锥加工出内螺纹的操作，套螺纹是用板牙在圆杆上加工出外螺纹的操作。

一、攻螺纹

1. 丝锥

丝锥是加工内螺纹的工具。通常 M6 以下及 M24 以上的丝锥一套各有三支，即有头锥、二锥和三锥，如图 10-30 所示。M6～M24 的丝锥一套各有两支。

每个丝锥都由工作部分与柄部组成。工作部分又由切削部分和校准部分组成。切削部分是切制螺纹的主要部分，其端部磨出锥角，以便将切削负荷分配在几个刀齿上。头锥的锥角部分有 5～7 个牙，二锥有 3～4 个牙，三锥有 1～2 个牙，如图 10-31 所示。

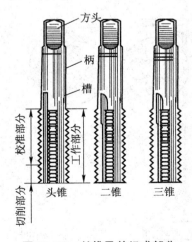

图 10-30　丝锥及其组成部分

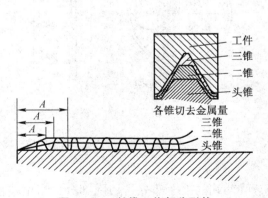

图 10-31　丝锥工作部分形状

A—锥角部分

校准部分具有完整的齿形，用于修光螺纹和引导丝锥沿轴向运动。工作部分沿轴向开的槽，是用以容纳切屑，并形成刀刃和前角的。

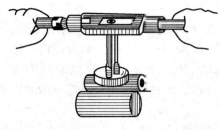

图 10-32 攻螺纹

柄部为方头，用来将丝锥装入铰杠以传递力矩。

2. 攻螺纹底孔直径的确定

攻螺纹时，丝锥主要是切削金属，但也有挤压金属的作用，所以攻螺纹前钻孔直径，即底孔直径一定要略小于螺纹大径。攻螺纹示意图如图 10-32 所示。

攻螺纹前钻孔的直径 d_0。可查表或根据下面的经验公式计算：

1）加工钢料或其它塑性较大的材料：

$$d_0 = D - P$$

2）加工铸铁、青铜等脆性材料及塑性较小的材料：

$$d_0 = D - (1.05 \sim 1.1)P$$

式中　d_0——钻头直径（mm）；

　　　D——内螺纹大径（mm）；

　　　P——螺距（mm）。

攻盲孔（不通孔）的螺纹时，因丝锥不能攻到孔底，所以底孔的深度应大于螺纹长度。其大小可按下式计算：

$$底孔的深度 = 要求螺纹的长度 + 0.7D(螺纹大径)$$

二、套螺纹

板牙是加工外螺纹的工具，有固定式和开缝式两种，如图 10-33 所示。开缝式板牙螺纹孔的大小可微量调节。

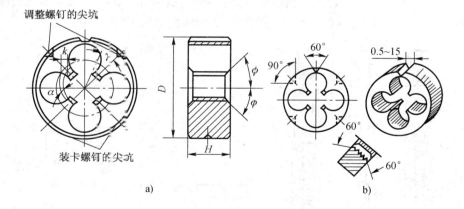

图 10-33　板牙

a）固定式；b）开缝式

板牙孔两端的锥度部分是切削部分，当中一段是校准部分，也是套螺纹的导向部分。板牙切削部分一端磨损后可调头使用。套螺纹用的板牙架如图 10-34 所示。

同攻螺纹一样，用板牙套螺纹牙尖也要被挤高一些，所以圆杆直径比外螺纹大径应稍小一些。圆杆直径 $d_杆$ 可查表或按下面经验公式计算：

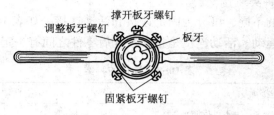

图 10-34 板牙架

$$d_{\text{杆}} = d - 0.2P$$

式中　$d_{\text{杆}}$——圆杆直径（mm）；

　　　d——外螺纹大径（mm）；

　　　P——螺距（mm）。

第五节　装配与拆卸

任何一台机器都由多个零件组成，例如一台中等复杂程度的减速器，就由几十个零件组成。那么，它的维修、零件测绘及组装就涉及机器拆装技术。

一、装配

将零件按装配工艺过程组装起来，并经过调整、试验使之成为合格产品的过程，称为装配。

1. 装配工艺过程

（1）准备阶段

1）研究和熟悉产品装配图及技术要求，了解产品结构、工作原理、零件的作用及相互连接关系。

2）确定装配方法、顺序，准备所用工具。

3）对装配零件进行平衡试验。对密封性零、部件进行耐压试验等。

（2）装配阶段

1）组件装配。组件装配是将若干零件连接合成组件的装配过程。例如，装配车床主轴变速箱中的一根传动轴。

2）部件装配。部件装配是将若干组件和零件连接成部件的装配过程。例如，车床主轴变速箱、进给箱等的装配。

3）总装配。总装配是将若干部件、组件、零件结合成一台完整产品的装配过程。例如，机床、拖拉机等的装配。

（3）调整、检验和试车阶段

调整工作是调节零件或机构间的相互位置精度、配合间隙及结合松紧等，使产品各机构之间工作协调。检验包括几何精度检验和工作精度检验。前者主要是检验产品静态时的精度状况，后者主要是检验产品在工作状态下的精度状况。试车主要是检查产品的工作性能、运转灵活性、工作温升、密封性能等是否达到产品的设计要求。

2. 装配时零件连接和类

按照零件连接方式的不同，可分为固定连接和活动连接，如表 10-1 所示。可拆卸连接是指零件之间没有相对运动。活动连接是指在装配后零件之间有一定的相对运动。

表 10-1 连接的种类

固定连接		活动连接	
可拆卸	不可拆卸	可拆卸	不可拆卸
螺纹、键、销连接	铆接、焊接、压合、胶合、打压等	轴与滑动轴承、柱塞与套筒等间隙配合零件	任何活动连接的铆合头

二、典型件的装配

1. 减速箱大轴组件的装配

如图 10-35 所示为减速器大轴组件。它的装配顺序如下：

1）将键配好，轻打装在轴上。

2）压装齿轮。

3）放上垫套，压装右轴承。

4）压装左轴承。

5）在透盖槽中放入毡圈，并套在轴上。

2. 滚动轴承的装配

滚动轴承内圈与轴、滚动轴承外圈与箱体上的轴承孔一般均是较小的过盈配合，常用锤子或压力机安装，如图 10-36 所示。

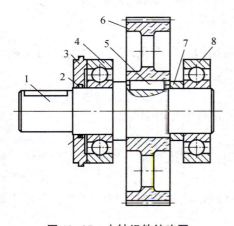

图 10-35 大轴组件结构图

1—大轴；2—毡圈；3—透盖；4—左轴承；
5—键；6—齿轮；7—垫套；8—右轴承

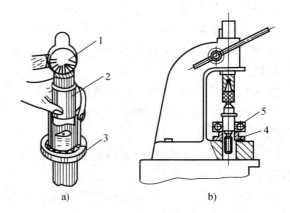

图 10-36 轴承的安装

a）用锤子安装滚动轴承；b）用压力机安装滚动轴承

1—手锤；2，4—垫套；3，5—轴承

为了不使轴承的滚动体受压，并使轴承套受力均匀，采用垫套加压。轴承装到轴上时，应通过垫套将力加在内圈上；轴承装到轴承孔内时，力应加在轴承的外圈上；若同时将轴承压到轴上和轴承孔内时，则内外圈端面上要同时受力，但不得挤压滚动体。若轴承与轴是较大的过盈配合时，最好将轴承吊在 80~90℃ 的热油中加热，然后趁热装入。

滚动轴承受磨损到一定限度时，要更换成新轴承，旧轴承用轴承拉出器拆卸，如图10-37所示。

3. 螺纹连接件的装配

1）螺母端面应与螺纹轴线垂直，以受力均匀。

2）螺母与零件的贴合表面应平整光洁，否则螺纹易松动或使螺栓弯曲。为了提高贴合质量可加垫圈。

3）旋紧螺纹时松紧程度应合适，旋紧力不宜太大或太小。

4）成组的螺母在旋紧时，必须按一定的顺序进行，如图 10-38 所示。并做到分次逐步旋紧，否则会使零件间压力不一致，个别螺母过载。

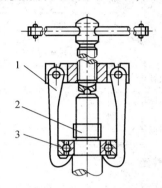

图 10-37　滚动轴承拉出器
1—拉爪；2—轴；3—轴承

图 10-38　方形布置的螺母成组的旋紧顺序

三、机器的拆卸

机器经过长期使用，某些零件会产生磨损和变形，使机器的精度和效率降低，这时就需要对机器进行检查和修理，修理时要对机器进行拆卸。

对拆卸工作的要求是：

1）机器拆卸前，应熟悉图纸。对机器零、部件的结构要了解清楚，弄清需排除的故障和修理的部位，确定拆卸方法，防止盲目拆卸，猛敲乱拆，造成零件损坏。

2）拆卸就是正确解除零件间的相互连接。拆卸的顺序要按照与装配相反的顺序进行，即先装的零件后拆，后装的零件先拆，可按照先外后内、先上后下的顺序，依次进行零件、部件的拆卸。

3）拆卸时应尽量使用专用工具，以防损坏零件，避免用铁锤敲击零件，可用铜锤或木锤敲击，或用软材料垫在零件上敲。

4）有些零、部件拆卸时要做好标记，以防装配时弄错。零件拆下后要按次序摆放整齐。拆下的零件，应尽可能按原来的结构套在一起。如轴上的零件拆了后，最好按原次序临时装回轴上或用钢丝、绳索串联放置。对细小件如销子、螺钉、键等，拆卸后立即拧上或插入孔中。对丝杠、长轴零件要用布包好并用绳锁将其吊挂放置，以防弯曲变形或碰伤。

5）拆卸时，对采用螺纹连接或锥度配合的零件，必须辨清回旋方向。

第六节 锤子的钳工工艺

图 10-39 所示为锤子的零件图，其技术要求是：①*A—A* 剖面为正八边形，对称度不超过 0.1mm；②热处理硬度为 53~57HRC。图 10-40 所示为锤子钳工工艺简图，其工艺过程如下：

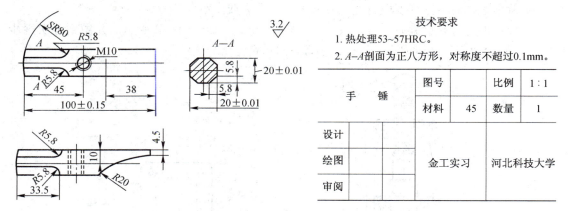

技术要求

1. 热处理53~57HRC。
2. *A—A*剖面为正八方形，对称度不超过0.1mm。

手 锤		图号		比例	1:1
		材料	45	数量	1
设计					
绘图		金工实习		河北科技大学	
审阅					

图 10-39 锤子的零件图

1）下料：将方料装夹在台虎钳上，用手锯按下料尺寸锯削，应保证锯削断面平整（见图 10-40a）。

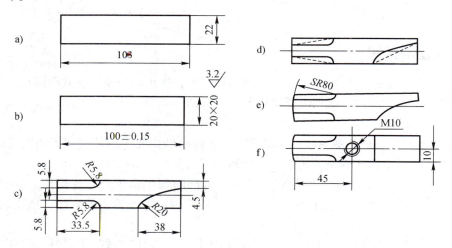

图 10-40 锤子钳工工艺简图

a）下料；b）锉平面；c）划线；d）锯削、粗锉；
e）细锉；f）钻孔、套螺纹

2）锉平面：在台虎钳上装夹，先用粗平锉刀按交叉锉法粗锉四个长方形侧面，并锉平两端面。然后，用细平锉刀按顺锉法或推锉法锉削，达到全部表面粗糙度 R_a 为 3.2μm 和尺寸要求（见图 10-40b）。

3）划线：在划线平台上，按图示尺寸要求用划线工具或样板画出锤头和扁嘴的弧线

（见图 10-40c）。

4）锯削、粗锉：按图上虚线锯削斜面，然后用粗平锉和半圆锉或圆锉按划线进行粗锉，或先用平錾进行錾削，再用粗平锉和半圆锉或圆锉进行粗锉（见图 10-40d）。

5）细锉：用细平锉、半圆锉锉削锤头和扁嘴的弧线，并用样板检验，达到全部表面粗糙度 R_a 值为 3.2μm 和尺寸要求。然后用平锉锉削 $SR80mm$ 的球面（见图 10-40e）。

6）钻孔、套螺纹：按图样尺寸要求划出中心孔线，并打样冲眼，然后用 $\phi8.5mm$ 的钻头在台钻上钻孔，再用 M10 的丝锥攻螺纹，最后锉掉毛刺（见图 10-40f）。

7）热处理：见第一章第三节。

复习思考题

1. 试述钳工的特点及应用范围。
2. 划线的作用是什么？
3. 划线前需做哪些准备工作？
4. 何为划线基准？如何选择划线基准？
5. 千斤顶、V 形铁、方箱各有何用途？
6. 如何正确使用划针、划卡、划规和划线盘？
7. 如何正确划出工件上的水平线和垂直线？
8. 试述零件的划线步骤。
9. 怎样选择和安装锯条？
10. 为什么锯齿按波浪形排列？
11. 起锯、锯削和停锯时应如何操作？
12. 如何选择锉刀的粗、细及断面形状？
13. 怎样区别头锥、二锥及三锥？
14. 如何正确使用丝锥和板牙？
15. 为什么套螺纹前要检查圆杆直径？其大小如何确定？为什么要倒角？
16. 台钻、立钻、摇臂钻床的结构和用途有何不同？
17. 麻花钻的切削部分和导向部分的作用有何不同？
18. 螺纹连接件拆装时应注意什么？
19. 拆装滚动轴承应注意什么？
20. 拆装工件应注意哪些事项？

第十一章　数控机床加工

数控机床加工，是用数字信息控制零件和刀具位移的机械加工方法。它是解决零件品种多变、批量小、形状复杂、精度高等问题和实现高效化、自动化加工的有效途径。数控机床加工与传统机床加工的工艺规程从总体上说是一致的，但也发生了明显的变化。

数控技术起源于航空工业的需要，20 世纪 40 年代后期，美国一家直升机公司提出了数控机床的初始设想，1952 年美国麻省理工学院研制出三坐标数控铣床。50 年代中期这种数控铣床已用于加工飞机零件。60 年代，数控系统和程序编制工作日益成熟和完善，数控机床已被用于各个工业部门，但航空航天工业始终是数控机床的最大用户。一些大的航空工厂配有数百台数控机床，其中以切削机床为主。数控加工的零件有飞机和火箭的整体壁板、大梁、蒙皮、隔框、螺旋桨以及航空发动机的机匣、轴、盘、叶片的模具型腔和液体火箭发动机燃烧室的特型腔面等。数控机床发展的初期是以连续轨迹的数控机床为主。连续轨迹控制又称轮廓控制，要求刀具相对于零件按规定轨迹运动。以后又大力发展点位控制数控机床。点位控制是指刀具从某一点向另一点移动，只要最后能准确地到达目标而不管移动路线如何。

第一节　数控车床加工

一、数控车床的原理、特点及应用

数控车床又称为 CNC（Computer Numerical Contral）车床，即计算机数字控制车床。普通车床是靠手工操作机床来完成各种切削加工，而数控车床是将编制好的加工程序输入到数控系统中，由数控系统通过控制车床 X、Z 坐标轴的伺服电动机去控制车床进给运动部件的动作顺序、移动量和进给速度，再配以主轴的转速和转向，便能加工出各种不同形状的轴类和盘套类回转体零件。

数控车床的加工特点：加工精度高，稳定性好；加工生产效率高，经济效益好；自动化程度高，劳动强度低；价格昂贵，控制复杂，维修较难。

数控车床的加工范围：除了可以完成普通车床能够加工的轴类和盘套类零件外，还可以加工各种形状复杂的回转体零件，如复杂曲面等；还可以加工各种螺距甚至变螺距的螺纹。

数控车床的一般应用：精度较高、批量生产的零件；各种形状复杂的轴类和盘套类零件。

二、数控车床的组成及与普通车床的差异

数控车床由数控系统和机床本体组成，如图 11-1 所示。数控系统包括控制电源、轴伺

服控制器、主机、轴编码器（X、Z、主轴）、显示器等。机床本体包括床身、电动机、主轴箱、电动回转刀架、进给传动系统、冷却系统、润滑系统、安全保护系统等。

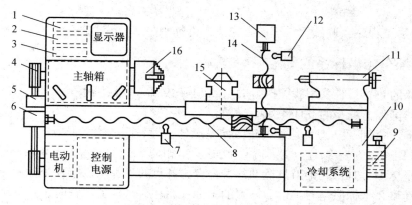

图 11-1 数控车床原理示意图

1—X 轴伺服控制；2—Z 轴伺服控制；3—主机；4—皮带轮；5—轴编码器；
6—Z 轴伺服电机；7—限位保护开关；8，14—滚珠丝杠；9—润滑系统；10—床身；
11—尾架；12—限位保护开关；13—X 轴伺服电机；15—回转刀架；16—三爪卡盘

数控车床与卧式普通车床相比较，进给系统在结构上存在着本质差别，普通车床主轴的运动经过进给箱、溜板箱传到刀架实现纵向和横向的进给运动；数控车床则去除了进给箱、溜板箱、小拖板和大、中拖板手柄，采用伺服电机直接驱动滚珠丝杠，带动拖板和刀架，实现纵向和横向进给运动。此外，数控车床采用电动刀架以实现自动换刀，以及采用系统自动润滑和各轴限位安全保护等。

三、数控车床加工工艺制定方法

在数控车床上加工零件时，应遵循如下工艺原则：

1）选择适合在数控车床上加工的零件。

2）析被加工零件图样，明确加工内容和技术要求。

3）确定工件坐标系原点位置。原点位置一般选择：Z 坐标轴在工件旋转中心，X 坐标轴在工件右端面上，如图 11-2 所示。

4）制定加工工艺路线。应考虑加工起始点位置，起始点一般也作为加工结束的终点，起始点应便于检查和装夹工件；应考虑粗车、半精车、精车路线，在保证零件加工精度和表面粗糙度的

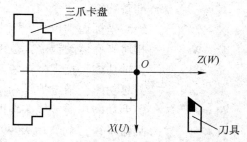

图 11-2 数控车床加工坐标系示意图

前提下，尽可能以最少的进给路线完成零件的加工，缩短单件的加工时间；应考虑换刀点位置，换刀点是加工过程中刀架进行自动换刀的位置，换刀点位置的选择应考虑在换刀过程中不发生干涉现象，且换刀路线尽可能短。加工起始点和换刀点可选同一点或选不同点。

5）选择合理的切削用量。在加工过程中，应根据零件精度要求选择合理的主轴转速、进给速度和切削深度。CKA6150 系统中，主轴转速采用双速电机+电磁离合器，可实现手动

三挡，挡内自动变速。

6）选择合适的刀具。根据加工的零件形状和表面精度要求，选择合适的刀具进行加工。

7）编制加工程序，调试加工程序，完成零件加工。

四、数控车床坐标系的确定

数控车床的数控系统采用我国执行的 JB3051—1982《数控机床坐标和运动方向的命名》数控标准，与国际上统一的 ISO841 基本相同。

1）由图 11-2 可见，刀具运动的正方向是工件与刀具距离增大的方向。

2）可采用绝对坐标编程（X，Z），也可采用相对坐标编程（U，W），或二者混合编程。用绝对坐标编程时，无论刀具运动到哪一点，各点的坐标均以编程坐标系原点为基准读得，X 坐标值和 Z 坐标值是刀具运动终点的坐标；用相对坐标值编程时，刀具当前点的坐标是以前一点为基准读得，U 值（沿 X 轴增量）和 W 值（沿 Z 轴增量）指定了刀具运动的距离，其正方向分别与 X 轴和 Z 轴正方向相同。注意 X、U 值均为直径量。

五、数控车床程序格式

数控系统程序段采用可变文字地址格式，符合机械工业部标准和 ISO 标准的有关规定，各指令顺序如下，不可倒置。

N**** G** X±** （U±**）Z±** （W±**）R** D** F** X ** M** S** T**；

其中 * 代表数字。

所谓程序格式，是指程序段书写规则，包括程序名、程序段号、机床要求执行的各种功能、运动所需要的几何参数和工艺数据。每个程序由以下几部分组成：

O****   程序名以 C 打头，****代表程序号，范围 000~9999；
N****   程序顺序号以 N 打头，****代表顺序号，范围 0000~9999；
G**   准备功能，指令动作方式，范围 00~99；
X、Z   绝对坐标运动指令，范围 0~±99999.99mm；
U、W   相对坐标运动指令，范围 0~±99999.99mm；
S**   主轴功能，指定主轴转速；
T****   刀具功能，指定刀具和偏移量，前后两对 * 的范围均为 00~04；
M**   辅助功能，指定机床辅助动作，范围 00~99；
R**   圆弧半径，范围 0~9999.99mm；
F**   进给速度，范围 0~2150mm/min；
F**   螺纹导程，范围 0.001~65.00mm；
F**   螺纹扣数，指定英制螺纹每英寸扣数；
X**   暂停功能，指定暂停时间，范围 0~9999.99；
D***   调子程序功能，范围 000~999。

注：若程序段中既有 G 指令又有 M、S、T 指令时，先执行 M、S、T 指令，后执行 G 指令。程序的每一行以";"结束。

第二节　数控车床编程指令简介

一、准备功能（G 指令功能）

1. 设定工件坐标系指令 G50

指令格式：N＊＊＊＊　　G50　X＊＊　Z＊＊；

注：本指令只能用 X、Z 指令坐标值，且 X、Z 值必须齐全。

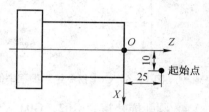

图 11-3　工件坐标系指令 G50 示意图

程序中使用该指令，应放在程序的第一段，用于建立工件坐标系，并且通常将坐标系原点设在主轴的轴线上，以方便编程，如图 11-3 所示。

例 1：N0010　G50　X20　Z25；

执行该指令时，显示器显示设定值，X 值用直径值设定。

2. 快速定位指令 G00

指令格式：N＊＊＊＊　　G00　X＊＊　Z＊＊（或 U＊＊　W＊＊）；

本指令可将刀具按机床指定的 G00 速度快速移动到所需位置上，一般作为空行程运动，既可单坐标运动，也可双坐标同时运动。

例 2：N0020　G00　X100　Z300；

表示将刀具快速移动到 X 为 100mm，Z 为 300mm 的位置上，如图 11-4 所示。

例 3：N0020　G00　U-20；

表示将刀具向 X 轴负方向快速运动，刀具实际位移 10mm，U 值用直径值设定，如图 11-5 所示。

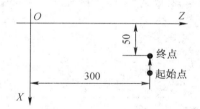

图 11-4　G00 指令绝对编程举例

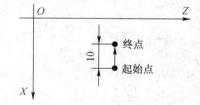

图 11-5　G00 指令相对编程举例

3. 直线插补指令 G01

本指令可将刀具按给定速度沿直线移动到所需位置，一般作为切削加工运动指令，既可单坐标运动，也可双坐标同时运动，在车床上用于加工外圆、端面、锥面等。

指令格式：N＊＊＊＊　　G01　X＊＊　Z＊＊（或 U＊＊　W＊＊）F＊＊；

注：进给速度 F 需要指定，单位为 mm/r，F 为模态指令。

例 4：N0020　G01　X50　Z50　F0.5；

表示刀具以 0.5mm/r 的速度运动到（X50、Z50）的位置上，如图 11-6 所示。

例 5：N0020　G01　U25　W50　F0.5；

表示刀具以 0.5mm/r 的速度向 X 轴正向、Z 轴正向移动，刀具实际位移 X 向 12.5mm，Z 向 50mm，如图 11-7 所示。

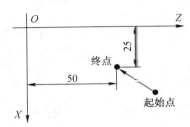

图 11-6　G01 指令绝对编程举例

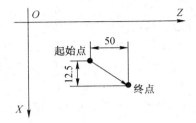

图 11-7　G01 指令相对编程举例

4. 圆弧插补指令 G02，G03

G02 为顺时针圆弧插补。

G03 为逆时针圆弧插补。

指令格式：N＊＊＊＊　G02　X（U）＊＊　Z（W）＊＊　R＊＊　F＊＊；
　　　　　　N＊＊＊＊　G03　X（U）＊＊　Z（W）＊＊　R＊＊　F＊＊；

圆弧插补在Ⅰ、Ⅱ或Ⅲ、Ⅳ象限内自动过象限。

程序编辑系统以第Ⅳ象限作为参考基准，所以在第Ⅳ象限内是习惯上的顺时针圆弧和逆时针圆弧，第Ⅰ象限和第Ⅳ象限是镜像关系，第Ⅱ象限同第Ⅰ象限，第Ⅲ象限同第Ⅳ象限，如图 11-8 所示。

例 6：N0030　G03　X20　Z-15　R10　F0.1；

表示加工逆时针圆弧，刀具以 0.1mm/r 速度运动到（X20，Z-15）位置，如图 11-9 中圆弧 1 所示。

例 7：N0030　G02　X30　Z12　R12　F0.1；

表示加工顺时针圆弧，刀具以 0.1mm/r 速度运动到（X30，Z12）位置，如图 11-9 中圆弧 2 所示。

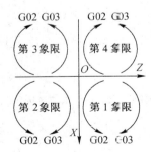

图 11-8　圆弧方向的选定

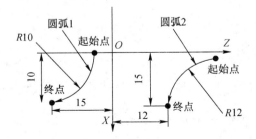

图 11-9　圆弧指令举例

5. 延时（暂停）指令 G04

指令格式：N＊＊＊＊　G04　X＊＊；

程序执行到此指令后即停止，延时 X 所指定时间后继续执行，X 范围 0～9999.99s，X

最小指定时间为 0.001s，但准确度为 16ms。

该指令可使刀具作短时间的无进给光整加工，常用于切槽、锪孔、加工尖角，以减少表面粗糙度数值。

6. 普通螺纹切削指令 G32

指令格式：N＊＊＊＊　G32　Z（W）＊＊　F＊＊；

Z、W 为加工螺纹长度，可以为正值，也可为负值；F 为螺纹导程，导程范围 0.001～65.00mm；可加工左旋螺纹，也可加工右旋螺纹。加工中，每一刀切削深度要逐一给定。

二、辅助功能指令 M

数控车床的数控系统 M 指令用两位数表示。

1）M00：程序暂停指令，重新按［起动键］后，下一程序段开始继续执行。

2）M01：程序选择暂停指令，与 M00 相似，不同的是由面板上的 M01 选择开关决定其是否有效。

3）M03：主轴正转指令，用以启动主轴正转。

4）M04：主轴反转指令，用以启动主轴反转。

5）M05：主轴停止指令。

6）M08：冷却泵启动指令。

7）M09：冷却泵停止指令。

8）M30：程序结束指令，程序结束并返回到本次加工的开始程序段。

9）M99：返回主程序指令。

指令格式：N＊＊＊＊　M99；

M99 为返回指令，用在子程序的结尾，执行 M99 就返回到主程序中调用该子程序段的下一个程序段继续执行。M99 只能单独使用，自成一条语句，并且 M99 必须用在子程序的最后一个程序段，作为子程序结束返回主程序指令。另外，子程序不能嵌套，只能由主程序调用。

三、进给速度指令 F

进给速度指令用 F 表示，F 后面的数值为每转进给的毫米数，如 F0.1，表示每转进给 0.1mm。

四、换刀指令 T

换刀指令用 T 及后面的 4 位数表示。高位数为刀具号（00-04），高位数为 00 则不换刀，低位数为刀具位置偏置值补偿号（00-04），低位数为 00 表示取消刀具偏置。如 T0202 表示换第 2 号刀，按第 2 号刀位置偏置值补偿号中的数据进行刀具位置补偿。

执行了刀具偏置命令后，系统显示的坐标值为指令值加刀具偏置值之后的数值，并且通常在加工程序的末尾要使用 T＊＊00，以取消刀具偏置值，否则将会给下一次加工带来误差，＊＊代表 01、02、03、04。另外，在接通电源或按了复位按钮时，刀具偏置值将被取消。

五、零件编程举例

以图 11-10 所示加工外圆、端面、倒角为例，说明程序的编制方法。图中 O 点为编程坐标系原点，01 点为 G50 设定换刀位置，即 01 号刀起始位置。使用两把刀具，01 号刀加工外圆，02 号刀加工端面和倒角。采用绝对尺寸编程。

图 11-10 中虚线表示二件毛坯外形。

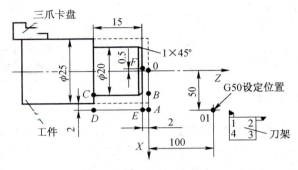

图 11-10 零件编程举例

加工程序及相关说明如表 11-1 所示。

表 11-1 加工外圆、端面、倒角程序及相关说明

程序段号及指令代码	说　明
N0010 M03 S8;	主轴启动，指定主轴转速值
N0020 G50 X100 Z100;	建立工件坐标系，设定换刀位置 01 点
N0030 T0101;	换第 01 号刀，执行 01 号刀补
N0040 G00 X29 Z0;	快速移动到 A 点
N0050 G01 X20 Z0 F0.2;	以 F0.2 速度移动到 B 点
N0060 Z-17 F0.1;	以 F0.1 速度加工 $\phi20$ 外圆（由 B 点到 C 点）
N0070 X29;	移动到 D 点
N0080 G00 X100 Z100;	移动到 01 点，准备换刀
N0090 T0202;	换第 02 号刀，执行 02 号刀补
N0100 G00 X29 Z-2;	快速移动到 E 点
N0110 G01 X-1 F0.1;	以 F0.1 速度加工端面（由 E 点到 F 点）
N0120 X0 Z0;	移动到 O 点（与 N0110 同为 G01 指令，可给予忽略）
N0130 G00 X100 Z100;	返回 01 点，准备换刀
N0140 T0101;	换 01 号刀，执行 01 号刀补
N0150 G00 X20 Z0;	快速移动到 B 点
N0160 G01 X18 Z-2 F0.2;	移动到倒角起始点
N0170 X20 Z-3 F0.1;	加工倒角
N0180 G00 X100 Z100;	回 G50 点
N0190 T0100;	取消刀补值
N0200 M05;	主轴停止

N0210 M30；	程序返回起始位置

第 三 节　数 控 车 床 的 操 作 方 法

以 CKA6150 为例介绍数控车床的操作方法，该机床采用的是 FANUC 0i-MATE TB 数控系统。

一、操作面板说明

操作面板如图 11-11 所示。

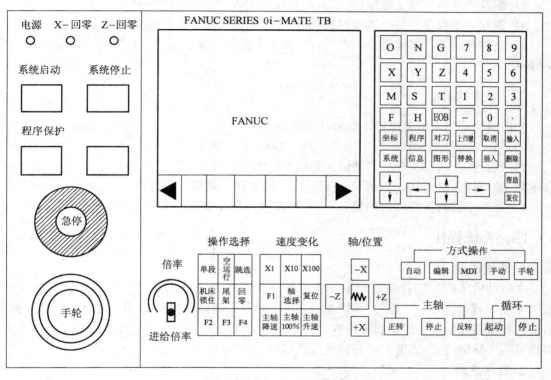

图 11-11　CKA6150 操作面板

部分按键名称及其作用如下：

1）［复位键］：解除报警，CNC 复位。

2）［帮助键］：用于显示如何操作机床。

3）［删除键］：程序编辑键。

4）［输入键］：用于编辑程序和修改参数等操作。

5）［替换键］：编辑程序时用。

6）［取消键］：删除输入到缓存的数据字母。

7）［插入键］：在编辑方式下操作，输入程序。

8）［翻页键］：多页显示时，用来查看页面。

9）［光标键］：光标的前后左右移动键。

10）［系统键］：显示系统画面。

11）［坐标键］：显示位置画面。

12）［信息键］：显示报警信息画面。

13）［程序键］：显示程序画面。

14）［图形键］：显示用户宏画面。

15）［对刀键］：显示刀偏/设定（SETTING）画面。

二、文件管理

1）程序检索。首先按［程序键］，接着输入 O+数字，可进行检索。

2）删除程序名。按［删除键］，清除程序名输入栏中所有的数据。

3）删除一个程序。按［删除键］，删除程序名输入栏中显示的文件。

4）文件名输入。文件名由一个"O"和 4 个数字组成，输入"O"后，再输入 4 个数字即可。

三、文件编辑

文件编辑采用全屏幕操作，编辑时注意以下几点：

1）每一行程序必须以"；"结束，按［EOB 键］即可。

2）跳行操作时需按光标移动键，光标可跳到指定行。

3）整行插入时需按［ECB 键］后，按［插入键］则插入整行。

4）删除字符时需按［删除键］，即可删除光标所在位置的字符。

四、系统操作

1. 系统回零

在启动机床后，应首先运行系统回零操作，否则系统会出错。方法是在"手动 JOG"或"手轮"操作方式下，按［回零键］进入"回零"画面，按轴/位置下的［+X 键］选择好要回机械零点的轴，开始回零，直到屏幕上显示出"零点"，机床回零指示灯变亮为止；再选另一坐标轴按［+Z 键］进行同样操作即可。

2. 程序启动

检索出所要求的程序后，按［起动键］。

3. 手动连续操作

在主菜单方式下，按方式操作的［手动 JOG 键］，进入手动方式操作。按［X 或 Z］选择坐标轴，按（+）键，刀架正向移动，按（-）键，刀架负向移动。

4. 手轮操作

按方式操作的［手轮键］即可进入"手轮"操作方式，方法是按［轴选择键］选择好坐标轴，选择手轮每一小格移动的距离 X1 或 X10 或 X100，然后转动手轮，正向转动则该轴正向移动，负向转动则该轴负向移动。

5. 自动/单段方式操作

在主菜单下，按方式操作下的［自动键］即进入自动运行加工程序方式，再按操作选择下的［单段键］则为单段运行方式。

6. 设置刀具偏置值（对刀）

在"手动""手轮"方式下均可进行对刀操作，其方法如下：

（1）装好工件，用偏刀试切外圆和端面，见平即可。

（2）用第一号刀刀尖分别对准外圆和端面后，按对刀键进入对刀界面，分别输入 X 向和 Z 向的坐标值，按输入键输入。

（3）将刀架移出，换第二号刀、第三号刀等依次将刀尖对准外圆和端面，重复上一步的操作。

7. 确定原点

第 6 步的对刀操作就是确定原点的过程，加工中需要用的每一把刀都需要进行原点确认。

8. 确定 G50 点

原点确定好后，将刀具沿 X 正向、Z 正向移动程序中 G50 设定的数值即可。

第四节　数控铣床加工简介

数控铣床是数控机床家族中的一大类，是最常见的一类数控机床。

一、数控铣床的组成

数控铣床的基本组成原理如图 11–12 所示，由床身、立柱、主轴箱、工作台、滑鞍、滚珠丝杠、伺服电机、伺服装置、控制器和控制电源等组成。

床身用于支撑和连接机床各部件。主轴箱用于安装主轴。主轴下端的锥孔用于安装铣刀。当主轴箱内的主轴电机驱动主轴旋转时，铣刀能够切削工件。主轴箱还可沿立柱上的导轨在 Z 向移动，使刀具上升或下降。

工作台用于安装工件或夹具。工作台可沿滑鞍上的导轨在 X 向移动，滑鞍可沿床身上的导轨在 Y 向移动，从而实现工件在 X 和 Y 向的移动。无论是 X、Y 向，还是 Z 向的移动都是靠伺服电机驱动滚珠丝杠来实现。

伺服装置用于驱动伺服电机。控制器用于输入零件加工程序和控制机床工作状态。控制电源用于向伺服装置和控制器供电。

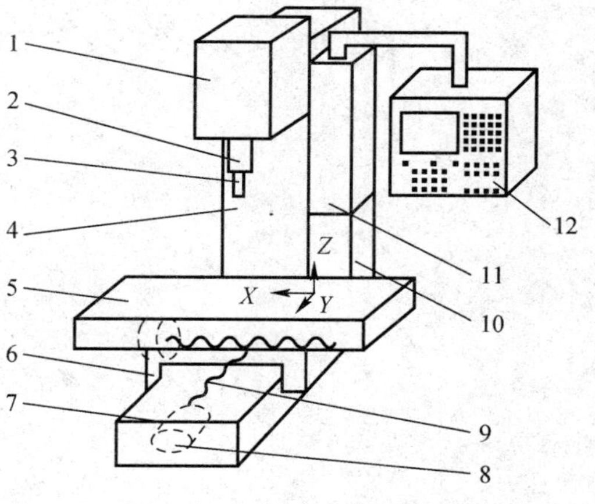

图 11–12　数控铣床的基本组成
1—主轴箱；2—主轴；3—铣刀；4—立柱；
5—工作台；6—滑鞍；7—床身；
8—伺服电机；9—滚珠丝杠；10—控制电源；
11—伺服装置；12—控制器

二、数控铣床加工的工作原理

根据零件形状、尺寸、精度和表面粗糙度等技术要求制定加工工艺，选择加工参数。通过手工编程或利用 CAM 软件自动编程，将编好的加工程序输入到控制器。控制器对加工程序处理后，向伺服装置传送指令。伺服装置向伺服电机发出控制信号。主轴电机使刀具旋转，X、Y 和 Z 向的伺服电机控制刀具和工件按一定的轨迹相对运动，从而实现工件的切削。

三、数控铣床加工的特点

1）用数控铣床加工零件，精度很稳定。如果忽略刀具的磨损，用同一程序加工出的零件具有相同的精度。

2）数控铣床尤其适合加工形状比较复杂的零件，如各种模具等。

3）数控铣床自动化程度很高，生产率高，适合加工批量较大的零件。

复习思考题

1. 简述数控车床和普通车床的不同。

2. 按图 11-13 所示零件（花瓶）编制加工程序。

3. 按图 11-14 所示零件（世界杯）编制加工程序。

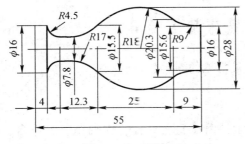

图 11-13　花瓶

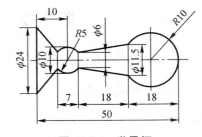

图 11-14　世界杯

第十二章 特种加工

特种加工"特"在何处？就"特"在它不是用常规的刀具或磨具对工件进行切削加工，而是直接利用电能、电化学能、声能或光能等能量，或选择几种能量的复合形式对材料进行加工。

与传统机械加工方法相比，特种加工具有许多独到之处：

1）加工范围不受材料物理、力学性能的限制，能加工任何硬的、软的、脆的、耐热或高熔点金属以及非金属材料。

2）易于加工复杂形面、微细表面以及柔性零件。

3）易获得良好的表面质量，热应力、残余应力、冷作硬化、热影响区等均比较小。

4）各种加工方法易复合形成新工艺方法，便于推广应用。

特种加工方法有电火花加工、激光加工、等离子弧加工、电化学加工等。本章主要讲述电火花加工中的数控线切割加工和激光加工。

第一节 数控线切割加工

一、数控线切割加工的原理、特点及应用

1. 数控线切割加工原理简述

数控线切割加工是电火花加工的一种，是利用放电腐蚀的原理进行加工的，如图12-1所示。被切割的工件3作为工件电极，电极丝1作为工具电极，脉冲电源6发出一连串的脉冲电压，加到工件电极和工具电极上。电极丝与工件之间喷入具有绝缘性能的工作液。当电极丝与工件的距离小到一定程度时，在脉冲电压的作用下，工作液被击穿，在电极丝与工件之间形成瞬间放电通道，产生瞬时高温，使金属局部熔化甚至汽化而被蚀除下来。若工作台

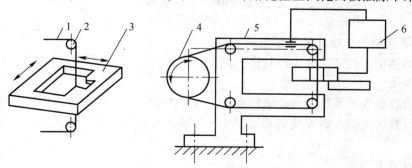

图 12-1 数控线切割的工作原理
1—电极丝；2—导轮；3—工件；4—运丝筒；5—线架；6—脉冲电源

带动工件不断进给，就能切割出所需要的形状。

电极丝的粗细影响切割缝隙的宽窄，电极丝直径越细，切缝越小。电极丝直径最小的可达 $\phi 0.05mm$，但太小时，电极丝强度太低容易折断。一般采用直径为 $\phi 0.1 \sim 0.3mm$ 的电极丝。

根据电极丝移动速度的大小分为高速走丝线切割和低速走丝线切割。低速走丝线切割加工中，电极丝多采用铜丝，电极丝以小于 0.2m/s 的速度作单方向低速移动，电极丝只能一次性使用。低速走丝线切割的加工质量高，但设备费用和加工成本高。目前我国多采用高速走丝线切割加工，电极丝采用高强度钼丝，钼丝以 8~10m/s 的速度作往复运动，加工过程中钼丝可重复使用。

2. 数控线切割加工特点及应用

1）数控线切割能加工传统方法难以加工或无法加工的高硬度、高强度、高脆性、高韧性等导电材料及半导体材料。

2）由于电极丝极细，可以加工微细异形孔、窄缝等零件。

3）可以加工各种复杂形状零件。

4）数控线切割加工精度较高，加工精度可达 0.02mm，表面粗糙度可达 $R_a 1.6\mu m$。

5）加工过程中，工具与工件不直接接触，不存在显著的切削力，有利于加工低刚度零件。

6）数控线切割加工生产效率低，且不能加工盲孔类零件和阶梯表面。

数控线切割主要用于各种冲模、塑料模等模具及其零件的加工，也可用于切削磁钢、硅钢片、半导体材料和贵重金属材料等。现已广泛应用于电子仪器、精密机床、轻工、军工等部门。

二、数控线切割机床的型号与组成

1. 数控线切割加工机床的型号

数控线切割加工机床的型号中各字母及数字含义如下：

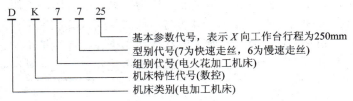

2. 数控线切割加工机床的基本组成

数控线切割加工机床可分为控制台、机床主机和脉冲电源三大部分，如图 12-2 所示。

（1）控制台

控制台中装有数控系统和自动编程系统，能在控制台中进行自动编程和对机床坐标工作台的运动进行数字控制。数控线切割加工程序的输入方法有：键盘输入、磁盘输入和网络传输等。

（2）机床主机

机床主机主要包括坐标工作台、运丝机构、丝架、冷却系统和床身五部分。

1）坐标工作台：用来装夹被加工的工件，其运动分别由两个步进电机控制。

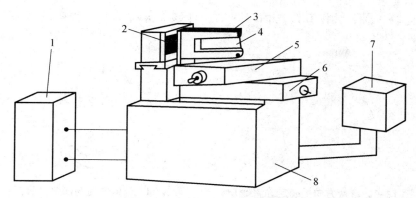

图 12-2　数控线切割机床的组成

1—控制台；2—贮丝筒；3—丝架；4—钼丝；5—Y向工作台；6—X向工作台；7—脉冲电源；8—床身

2）运丝机构：用来控制电极丝作正、反方向转动，钼丝整齐地缠绕在贮丝筒上，并经过丝架作往复高速运动。

3）丝架：与运丝机构一起构成电极丝的运动系统。它的功能主要是对电极丝起支撑作用，并使电极丝工作部分与工作台平面保持一定的几何角度，以满足各种工件（如带锥工件）加工的需要。

4）冷却系统：所提供的工作液，除可对工件和电极丝进行冷却外，还具有绝缘、排屑和防锈的作用。

5）床身：用于支承和连接工作台、运丝机构、机床电器及存放工作液系统等。

（3）**脉冲电源**

脉冲电源又叫高频电源，其作用是把普通的 50Hz 交流电转换成高频率的单向脉冲电压。加工时，一般情况下，钼丝接脉冲电的负极，工件接正极。

三、数控线切割加工程序简介

数控线切割程序有多种格式，其中，以 3B 格式和 ISO 格式程序应用最为广泛。

1. 3B 格式程序简介

格式：BX　BY　BJ　G　Z

　　　……

　　　DD

其中：

B——分隔符。

DD——程序结束符，处于程序的最后一段。

X、Y——坐标点相对值，单位为 μm。加工直线时，X、Y 值为直线终点相对于起点的坐标值；加工圆弧时，X、Y 值则为圆弧起点相对于圆弧中心的坐标值。坐标值的负号均不写。

G——计数方向。不管是加工直线还是圆弧，计数方向均按终点的位置来确定。

加工直线时，计数方向取直线终点靠近的坐标轴。如图 12-3 所示，加工直线 OA，计数方向取 X 轴，计作 GX；加工 OB，计数方向取 Y 轴，计作 GY；而加工 OC，计数方向取 X、Y 轴均可。加工圆弧时，终点靠近一轴时，计数方向取另一轴。如图 12-4 所示，加工圆弧

AB，计数方向取 *X* 轴，计作 GX；加工 *MN* 时，计数方向取 *Y* 轴，计作 GY；加工 *PQ* 时，计数方向取 *X*、*Y* 轴均可。

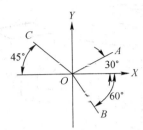

图 12-3 计数方向的确定（直线）

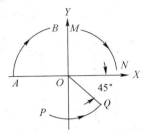

图 12-4 计数方向的确定（圆弧）

J——计数长度。计数长度是在计数方向的基础上确定的，是被加工的直线或圆弧在计数方向的坐标轴上投影的绝对值总和，单位为 μm。

例如，在图 12-5 中，加工直线 *OA*，计数方向为 *X* 轴，计数长度为 *OB*，数值即为 *A* 点的 *X* 坐标值。在图 12-6 中，加工半径为 0.5mm 的圆弧 *MN*，计数方向为 *X* 轴，计数长度为 $500 \times 3 = 1500 \mu m$。

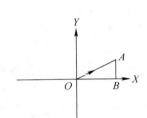

图 12-5 计数长度的确定（直线）

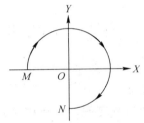

图 12-6 计数长度的确定（圆弧）

Z——加工指令。加工直线时，如图 12-7 所示，当直线位于第 I 象限（包括 *X* 轴而不包括 *Y* 轴）时，加工指令记作 L1（代表 *X* 轴正向）；当处于第 II 象限（包括 *Y* 轴而不包括 *X* 轴）时，加工指令记作 L2（代表 *Y* 轴正向）；L3、L4 依次类推。加工圆弧时，以起点确定加工指令。如图 12-8 所示，加工顺圆弧时，当圆弧的起点位于第 I 象限（包括 *Y* 轴而不包括 *X* 轴）时，加工指令记作 SR1；当处于第 II 象限（包括 *X* 轴而不包括 *Y* 轴），加工指令记作 SR2；SR3、SR4 依次类推。加工逆圆弧时，如图 12-9 所示，起点位于第 I 象限（包括 *X* 轴而不包括 *Y* 轴），加工指令记作 NR1；当处于第 II 象限（包括 *Y* 轴而不包括 *X* 轴）时，加工指令记作 NR2；NR3、NR4 依次类推。

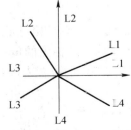

图 12-7 直线加工指令选取

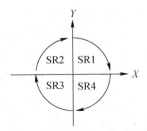

图 12-8 顺圆弧加工指令选取

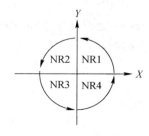

图 12-9 逆圆弧加工指令选取

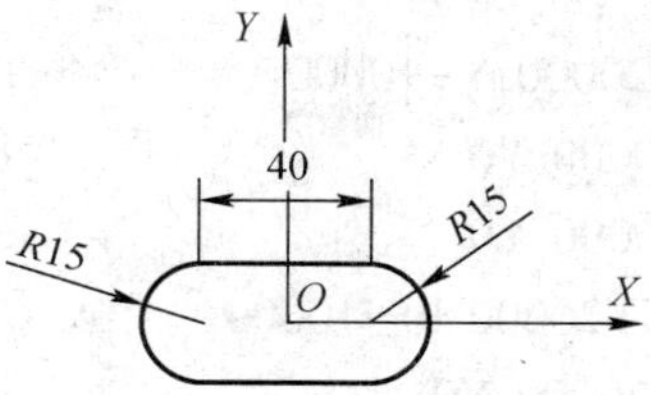

图 12-10 加工图形

以图 12-10 所示图形为例，加工程序如下：

B	B15000	B15000	GY	L2
B20000	B	B20000	GX	L1
B	B15000	B30000	GX（Y）	SR1
B40000	B	B40000	GX	L3
B	B15000	B30000	GX（Y）	SR3
B20000	B	B20000	GX	L1
B	B15000	B15000	GY	L4
DD				

2. ISO 格式程序简介

ISO 格式程序是采用国际通用的 ISO 代码编制的程序。其常用命令如下：

G92 X** Y**：以相对坐标方式设定加工坐标起点；

G27：设定 XY/UV 平面联动方式；

G01 X**（U**）Y**（V**）：直线插补指令，X、Y 表示在 XY 平面中以直线起点为坐标原点的终点坐标；U、V 表示在 UV 平面中以直线起点为坐标原点的终点坐标；

G02 X**（U**）Y**（V**）I** J**：顺圆弧插补指令，以圆弧起点为坐标原点，X、Y（U、V）表示终点坐标，I、J 表示圆心坐标；

G03 X**（U**）Y**（V**）I** J**：逆圆弧插补指令，各字含义同 G02；

M00：暂停指令；

M02：加工程序结束指令。

例如，加工图 12-11 所示图形，以图中 G 点坐标（-20，-10）作为起刀点，A 点坐标（-10，-10）作为起割点，编程如下：

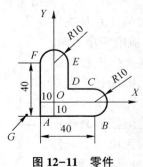

图 12-11 零件

程序	注解
G92 X-20000 Y-10000	以 O 点为原点建立工件坐标系,起刀点坐标为(-20,-10);
G01 X10000 Y0	从 G 点走到 A 点,A 点为起割点;
G01 X40000 Y0	从 A 点到 B 点;
G03 X0 Y20000 I0 J10000	从 B 点到 C 点;
G01 X-20000 Y0	从 C 点到 D 点;
G01 X0 Y20000	从 D 点到 E 点;
G03 X-20000 Y0 I-10000 J0	从 E 点到 F 点;
G01 X0 Y-40000	从 F 点到 A 点;
G01 X-10000 Y0	从 A 点回到起刀点 G;
M02	程序结束。

3. 数控线切割程序的编制方法

数控线切割程序的编制主要有两种方法:一种是手工编程,即用上面的方法进行的编程,这种方法操作简便,适合于简单程序的编制,但容易出错,对于复杂图形的编程,更是无能为力。另一种是自动编程,即用专门的绘图软件,如 CAXA 线切割软件,把被加工的零件图样或数据输入到计算机中,由计算机对输入的数据进行处理,并自动生成由数控语言表达的零件加工程序,然后传输到机床控制器中,从而实现零件的加工。

具体操作方法如下:

1）计算机辅助设计（CAD）或手工生成零件图形;
2）轨迹生成（包括钼丝的直径补偿）;
3）生成线切割程序;
4）传输程序;
5）由程序控制机床加工。

自动编程不仅省去了大量的数值计算,出错率小,而且程序修改方便,传输迅捷,对于复杂图形的处理,更显现了其卓越之处。可以说,自动编程代表了程序编制的未来。

四、数控线切割机床的操作方法

数控线切割机床的操作主要是指电加工参数的选择和机床主机的操作。

1. 电加工参数的选择

数控线切割所使用的脉冲电源的波形如图 12-12 所示,它是由脉冲宽度、开路电压及脉冲间隔组成的。调节机床的电加工参数,主要是指调节它们及峰值电流。

峰值电流是指放电电流的最大值,它是决定单个脉冲能量的主要因素之一。峰值电流增大时,切削速度提高,工件表面粗糙度增大,电极丝损耗增加并有断丝危险。调节脉冲电源面板上的功率管的个数可以改变峰值电流的大小。

开路电压也叫空载电压,是极间接通高频但不加工工件的电压,也是电源的直流电压。开路电压提高,加工电流会增大,切削速度会增加。

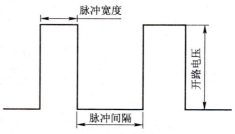

图 12-12 矩形脉冲电源的波形

目前，在乳化液介质及快走丝的加工方式下，一般开路电压在 60~150V 范围内。

脉冲宽度是指脉冲电流的持续时间。在其它加工条件相同时，随着脉宽的增加，单个脉冲能量增大，切削速度加快，而加工精度和表面粗糙度变差。

脉冲间隔是指两个脉冲之间的间隔时间，它直接影响平均电流。其它参数不变时，脉间减小相当于提高脉冲频率，增加了单位时间内的放电次数，平均电流增大，切削速度加快。如果脉间太小，放电产物来不及排除，放电间隙来不及充分消电离，将使加工变得不稳定，也会使切削速度降低。

实践表明，调节电参数时，应根据具体的加工对象和要求，全面考虑各项参数对加工的影响及其相互关系，客观地运用它们的最佳组合，才能获得良好的加工效果。例如，要提高切削速度时，可以提高开路电压，增大峰值电流，增加脉宽，但工件的表面粗糙度也会变差。同时切削速度还会受到脉冲间隔的影响，也就是说，脉冲间隔也要适宜。

2. 机床主机的操作

机床主机的操作既包括绕装电极丝、装夹工件、机床上各种开关及操纵盒的操作，也包括机械参数，如走丝速度、进给速度等的选定。

一般而言，对于快走丝线切割机床，当走丝速度在 1.4m/s 到 7~9m/s 范围时，随着走丝速度（丝速）的提高，加工速度也提高，但再继续增大走丝速度，切割速度却不会再增加。走丝速度的选择与加工工件的厚度有很大的关系，当电加工工艺参数相同时，工件厚一些，相应的走丝速度一般也要高一些。

进给速度的调整主要是电极丝与工件之间的间隙调整。切割加工时进给速度和电蚀速度要协调好，不要欠跟踪或过跟踪。在某一具体加工条件下，只存在一个相应的最佳进给量，此时钼丝的进给速度恰好等于工件实际可能的最大蚀除速度。欠跟踪时加工经常处于开路状态，致使生产率低，电流不稳，而且容易断丝；过跟踪时容易造成短路，也会降低生产率。一般调节进给速度时，当加工电流为短路电流的 0.85 倍左右（电流表指针略有晃动即可），就可保证为最佳工作状态，此时变频进给速度最合理、加工最稳定、切割速度最高。

表 12-1 列出了根据进给状态调整变频的方法。

表 12-1 根据进给状态调整变频的方法

实频状态	进给状态	加工面状况	切割速度	电极丝	变频调整
过跟踪	慢而稳	焦褐色	低	略焦，老化快	应减慢进给速度
欠跟踪	忽慢忽快不均匀	不光洁，易出深痕	较快	易烧丝，丝上有白斑伤痕	应加快进给速度
欠佳跟踪	慢而稳	略焦褐，有条纹	低	焦色	应稍增加进给速度
最佳跟踪	很稳	发白，光洁	快	发白，老化慢	无须再调整

五、机床操作注意事项

机床操作注意事项如下：

1）加工过程中，严禁用手接触电极丝。

2）调整脉冲电源参数，不可在加工过程中进行。

3）工件装夹应可靠，不可在加工过程中工件发生移动。

4）加工过程中，防止工作台超程和工件与丝架发生撞击。

5）切割工件过程中，应防止工件上落下部分与钼丝接触，造成工件报废或钼丝折断。

<h1 style="text-align:center">第二节 激 光 加 工</h1>

激光加工是 20 世纪 60 年代发展起来的一种新兴技术。它是利用光能经过透镜聚焦达到很高的能量密度后，依靠光热效应来加工各种金属或非金属材料的。激光加工速度快，工件变形小。目前，已广泛应用于打孔、切割、焊接、表面热处理以及信息存储等许多领域。

一、激光加工的工作原理

激光是一种经受激辐射产生的加强光。它的光强度高，方向性、相干性和单色性好，通过光学系统可将激光束聚焦成直径为几十微米到几微米的极小光斑，从而获得极高的能量密度（$10^8 \sim 10^{10} \mathrm{W/cm^2}$）。当激光照射到工件表面，光能被工件吸收并迅速转化为热能，光斑区域的温度可达 10000℃ 以上，使材料熔化甚至汽化。随着激光能量的不断吸收，材料凹坑内的金属蒸汽迅速膨胀，压力突然增大，熔融物爆炸式地高速喷射出来，在工件内部形成方向性很强的冲击波。因此，激光加工是工件在光热效应下产生的高温熔融和冲击波的综合作用过程。

图 12-13 所示是固体激光器中激光的产生和工作原理图。当激光的工作物质钇铝石榴石受到光泵（激励脉冲氙灯）的激发后，吸收具有特定波长的光，在一定条件下可导致工作物质中的亚稳态粒子数大于低能级粒子数，这种现象称为粒子反转。此时一旦有少量激发粒子产生受激辐射跃迁，造成光放大，再通过谐振腔内的全反射镜和部分反射镜的反馈作用产生振荡，此时由谐振腔的一端输出激光。激光通过透镜聚焦后形成高能光束，照射到工件表面上，即可进行加工。固体激光器中常用的工作物质除了钇铝石榴石外，还有红宝石和钕玻璃等材料。

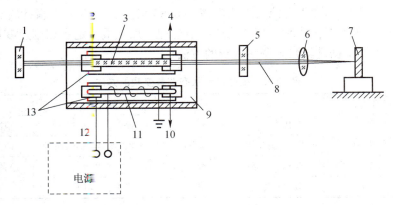

图 12-13　固体激光器中激光的产生与工作原理

1—全反射镜；2, 4, 10, 12—冷却水；3—钇铝石榴石；5—部分反射镜；
6—透镜；7—工件；8—激光束；9—聚光器；11—光泵，13—玻璃管

二、激光加工的工艺参数

1. 输出功率和激光的照射时间

激光的输出功率大，照射时间长，工件获得的激光能量也就大。当激光能量一定时，照

射时间过长，热量就会扩散到非加工区，从而扩大了加工区域；照射时间过短则会使被加工的区域不能切透。

2. 聚焦和发散角

焦距短的物镜，发散角小，激光能量密度高，光斑也就小，所能加工的孔及缝隙就小。

3. 焦点位置

焦点位置对加工效率及加工的工件形状有很大的影响，如图 12-14 是加工孔时激光焦点位置对工件的影响。当从图 12-14a 到图 12-14e 时，焦点位置逐渐提高，孔深及孔形状均有所变化。当焦点位置过高时，能量密度分散，就不能加工出所需要的孔。

4. 工件材料

材料不同，吸收光的能力不同，同时材料的表面粗糙度也影响对激光能量的吸收，所以在实际生产中，对于高反射率和透射率的工件进行表面打毛或黑化处理，以增大其对激光能量的吸收。

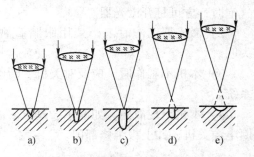

　　a)　　b)　　c)　　d)　　e)

图 12-14　焦点位置对孔的影响

三、激光加工的特点和应用

1. 激光加工的特点

1）激光加工属高能束流加工，其功率密度可高达 $10^8 \sim 10^{10} \mathrm{W/cm^2}$，几乎可以加工任何金属与非金属材料。

2）激光加工无明显切削力，也不存在工具损耗问题，加工速度快，热影响区小，易实现加工过程自动化。

3）激光能通过玻璃等透明材料对隔离室或真空室内的零件进行加工，如对真空管内部进行焊接等。

4）激光可以通过聚焦，形成微米级的光斑，输出功率的大小又可以调节，因此可用于精密微细加工。

5）可以达到 0.01mm 的平均加工精度和 0.001mm 最高加工精度，表面粗糙度可达 R_a 0.4～0.1μm。

2. 激光加工的应用范围

1）激光表面热处理。激光可实现对铸铁、中碳钢、低碳钢等材料进行表面淬火。激光淬火层的深度一般为 0.7～1.1mm。淬火层的硬度比常规淬火约高 20%，产生的变形小，能解决低碳钢的表面淬火强化问题。

2）激光焊接。激光焊接一般无需焊料和焊剂。激光焊接速度快，热影响区小，焊接质量高。既可以焊接同种材料，也可以焊接异种材料，还可以透过玻璃进行焊接。

3）激光切割。激光既可以切割金属材料，如钢板、铝板、耐热合金及硬质合金等，也可以切割非金属材料，如石英、陶瓷、塑料、木材、纸张和布匹等，还能透过玻璃切割真空管内的灯丝，这是任何机械加工所难以达到的。

4）激光打孔。激光打孔主要是应用在特殊零件或特殊材料上加工孔，如火箭发动机和柴油机的喷油嘴、化学纤维的喷丝板、钟表上的宝石轴承和聚晶金刚石拉丝模等零件上的微细孔加工。激光打孔的生产效率很高，表面质量也很好，不仅可以加工盲孔，还可以加工径深比大的微细孔。

四、激光加工机床操作注意事项

激光加工机床操作注意事项如下：

1）激光器系统为水冷却方式，操作加工前，水冷机组先运行 10min，并确认水路中无气泡时，方可打开激光器。

2）激光器工作时，严禁用眼睛直视激光器的出光孔，以免造成眼睛严重灼伤甚至失明。

3）本机不工作时，应及时关机、断电、断水、封好机罩，防止灰尘进入激光器和激光系统。

4）本机出现故障，如漏水、过压、过电流指示灯亮、机床有异常响声等，均应立即切断电源关机，并上报维修部门。

复习思考题

1. 何谓特种加工？特种加工的特点是什么？
2. 简述数控线切割加工的原理、特点及应用。
3. 数控线切割加工时，电加工参数如何选择？
4. 简述激光加工的原理及应用。
5. 影响激光加工的因素有哪些？

第十三章 电 子 电 工

第一节 电子技术基础

一、常用术语

1. 电路图

把电子产品所用元器件以及它们的连接情况用图表示出来，或把整机的组成、各部分的作用以及相互之间的关系用图表示出来，就是电路图。电路图可分为实体电路图、方框图、原理电路图和印制电路图等。

实体电路图是把电路中所用元器件的真实形状和连线画出来所形成的电路图。它形象直观、易看懂，但难画、不易进行电路分析。

方框图是把整个电路的各主要组成部分分别用一个方框表示，方框内写明其功能，各方框之间的连线表示各部分电路之间的关系或信号流程。方框图不涉及具体电路，只表示某类电器的电路结构和工作原理。

原理电路图是按照一定规则用文字、符号、数字表示元器件的类型、极性、主要参数和各元器件的连接方式，它把同一部分电路的所有元件画在一起，图示规范、易于电路分析。

印制电路图也称电路板图，它把各元件在线路板上的实际位置标注出相应符号，线路板上的铜箔则用醒目的条块画出，便于装配和维修。

2. 印制电路板

覆铜板是在绝缘板上制造一层铜箔形成的。采用腐蚀铜箔法就可以形成印制导线和焊盘，焊盘中心一般钻出元件引线插孔，非施焊部分一般用漆覆盖。如果铜箔仅在绝缘板的一面形成，则为单面印制电路板，另一侧用于放置元器件。元器件引线从印制电路板铜箔一侧的焊盘孔中穿出，通过焊锡使引线与焊盘形成共同的焊点，并牢固连接。

印制电路板又简称电路板或线路板，多种电子元器件可以装配并焊接在上面，是电子产品的重要部分。

3. 无线电波

人耳能听到的声音频率是 $0.02\sim20kHz$，这个频率范围内的振动称为音频振动，它转换成的电信号称为音频信号或低频信号，因频率太低不能变成电波发射传播。只有几万赫兹以上的高频电信号才能形成电波，以每秒 30×10^4km 的速度在空中向四面八方传播，通常称这种电波为高频波。

因此，在广播电台里，把音频信号加到高频波里（称为调制），使高频波载着音频信号传到远处。调制的过程是通过音频信号控制高频波实现的。如果控制的是高频波的幅度，这

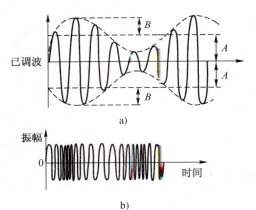

图 13-1　波形调制原理图
a）调幅波；b）调频波

种调制称为调幅；如果控制的是高频波的频率，这种调制称为调频，波形调制原理如图 13-1 所示。因而，有调幅广播和调频广播之分。

收音机收到这种高频波，再把音频信号取出来（检波），转化为声音（因而，收音机也有调幅和调频收音机之分，调幅收音机只能接收调幅广播）。

二、常用工具和仪表

1. 电烙铁

在电子产品的小批量装配生产和维修中，电烙铁是使用最普遍、最方便而又不可缺少的焊接工具。它分为内热式和外热式两种。内热式电烙铁有耗电省、体积小、重量轻和发热快等优点，额定功率有 20W、25W 等几种规格，适合焊接元器件较小的电子装置，如半导体收音机等。外热式电烙铁的额定功率较大，适合焊接散热快或散热面积大的装置。电烙铁额定功率的选择应合理，如果电烙铁功率选择过大，焊接时会使电子元器件温升过高而损坏；功率过小，焊接时会出现虚焊或钎料（焊锡）熔化困难等现象。一般晶体管电子产品的焊接选用 20W 或 25W 的内热式电烙铁。

电烙铁的烙铁头是用铜做的，外形有直形和弯形两种。内热式电烙铁多是直形结构。新买来的电烙铁的烙铁头前端表面有一层氧化膜，它不蘸锡（在使用过程中还可能出现不蘸锡现象，也是因为其被氧化所致），不能使用。解决的方法是给电烙铁通电加热，用锉刀或砂布将前端表面氧化膜打磨掉，再将烙铁头先沾松香后再立即沾锡，使烙铁头的前端面镀上一层锡，便可以正常使用了。

焊前应首先对长时间放置的印制电路板表面及元器件引线进行处理，即用砂纸除去氧化层，再涂一层钎剂，镀上一层很薄的锡以备用。这种焊前处理可以有效防止虚焊。新买来的印制电路板表面及元器件引线一般都已处理过，且仍有效，不做焊前处理。

施焊时，应注意以下几点：

1）在焊锡未凝固以前不得摇动元器件的引线，以免造成虚焊；

2）焊接热敏感易损元器件时，要用镊子或尖嘴钳夹住元器件的引线以帮助散热；

3）注意电烙铁加热后的安全，不要乱甩电烙铁上的焊锡，以免烫伤人、物及烫坏电烙铁本身的导线。不用时要在烙铁架上放好。

焊点的焊锡和松香（钎剂）都要适量，焊锡量以包住引线，灌满焊盘，能形成一个大小合适又圆滑的焊点为宜。

2. 其它工具

旋具：俗称螺丝刀或改锥，分为"一"字和"十"字两种，分别称为一字旋具和十字旋具，用于紧固螺钉和调试收音机。

尖嘴钳：用于拆装收音机元器件和焊接时对元器件散热。

镊子：用于扳弯元器件引线和焊接时对元器件散热。

斜嘴钳：用于剪掉多余引线或剪断导线。

3. 万用表

万用表是元器件测试、电子产品调试、查找故障必备的仪表。它分为"指针式"和"数字式"两种。进行电流、电压、电阻等测量时，一定要选择万用表上对应的挡位及量程。当万用表置电阻挡时，黑表笔的一端插入万用表的"负"或"地"插孔中，称为负表笔，它在表内接电池的正极，开路时与红表笔间有 1.5V 的电压（$R×1\text{k}\Omega$ 等低挡时）。

4. 稳压电源

SSl791 型稳压电源是可跟踪直流稳压电源。它功能齐全，体积小，稳压稳流，连续可调。稳压、稳流两种工作状态可随负载的变化自动切换，可实现两路或多路串、并联工作。

使用稳压电源时，一定要注意负载耐压值和最大允许电流值，不要随意加电压和调电流，以免烧坏电子产品。

三、电子元器件及其检测

1. 电阻器

电阻器是电子产品中使用量较多的电子元件之一，它在电路中的主要作用是控制电压、电流的大小，与其它元件配合，组成耦合、滤波、反馈、补偿等各种不同功能的电路。在电路图中用字母"R"表示。

电阻器按阻值是否可变，可分为固定电阻器和可变电阻器；按材料来分，则可分为绕线电阻、碳膜电阻、金属膜电阻、合成膜电阻等。

使用万用表的电阻挡测阻值。要选择合适的量程，使万用表的指针指示在刻度盘的中间部位。若改变万用表量程，须重新调零。测量时，人手不能接触电阻器引脚或表笔的金属部分，以免引起测量误差。

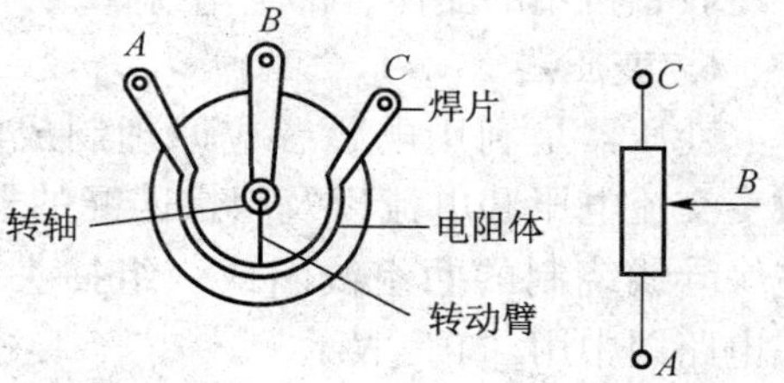

图 13-2 电位器示意图

2. 电位器

电位器属可变电阻器，其结构如图 13-2 所示，由电阻体、转动臂、转轴、外壳和焊片构成，文字符号为"RP"。它有三个引出端，其中 A、C 之间的阻值最大，A、B 或 B、C 之间的阻值是可变的。

3. 电容器

电容器的基本特性是不能通过直流电，具有储存电荷能力。它储存电荷能力的大小用电容量来表示，电容量的基本单位为"法拉"，简称"法"，用"F"表示。常用的单位为毫法（mF）、微法（μF）、纳法（nF）和皮法（pF），它们之间的换算关系是：$1\text{F}=10^3\text{mF}=10^6\mu\text{F}=10^9\text{nF}=10^{12}\text{pF}$。

在电路中，电容器用字母"C"表示。

按照电容量是否可调可分为固定电容器、可变电容器、微调电容器及电解电容器。按照电容器所用介质的不同，可分为瓷介电容器、云母电容器、纸介电容器和电解电容器等。

4. 晶体二极管

晶体二极管，简称二极管，其内部为一个 PN 结，具有单向导电特性。当 P 型半导体接电源正极，N 型半导体接电源负极时，称 PN 结加正向电压（此时，电路中的电流称为正向

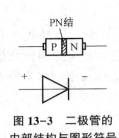

图 13-3 二极管的内部结构与图形符号

电流；二极管的电阻为正向电阻）；相反则称 PN 结加反向电压（此时，电路中的电流称为反向电流）。一般情况下，反向电流几乎为零。二极管常作为整流、检波和钳位等元件。在电路图中，用字母 VD 或 V 表示，其内部结构与图形符号如图 13-3 所示。

二极管的分类方法很多，通常按用途分为普通二极管（用于检波、鉴频、限幅、钳位）、整流二极管（用于整流）、开关二极管（用于电子计算机、脉冲控制、开关电路中）、稳压二极管（用于各种稳玉电路中）、发光二极管等。

5. 晶体三极管

晶体三极管，简称晶体管或三极管，由两个做在一起的 PN 结与相应的引线组成，其基本特点是具有放大作用，可以组成高频、低频放大电路、振荡电路等。

按其适合的工作频率不同，可分为低频晶体管（如 3AX、3CX、3BX、3DD 系列等）和高频晶体管（如 3AG、3CG、3DG、3AA 系列等）。按导电特性不同，可分为 PNP 型和 NPN 型，内部结构与电路中的图形符号如图 13-4 所示，文字符号分别是 VT 或 V。按功率不同，可分为小功率、中功率和大功率晶体管。按封装形式不同，可分为金属封装、玻璃封装和塑料封装。塑封管是近年来发展迅速的一种新型晶体管，应用非常广泛。小型收音机用的晶体管都是塑封管。

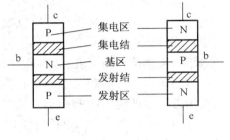

图 13-4 晶体管的内部结构与图形符号

6. 变压器

变压器是利用电磁感应原理制成的传输功率、改变交流电压和电流以及阻抗匹配的器件，它是由绝缘导线绕制的两组线圈或一组抽头线圈组成的，在电路图中用 "T" 表示。

在电视机、收录机、收音机中，常按频率不同分为高频变压器（由磁棒及其上两组线圈组成，常用在收音机振荡回路高频放大器的负载回路中或作为天线线圈）、中频变压器（在两组线圈中加有可调磁心，并有屏蔽罩壳，常用在电视机、收音机中，俗称 '中周'）、低频变压器（功率大、体积大，在电路中起变压、阻抗匹配和隔直作用，在 "三机" 中常用作电源和音频放大）。

第二节　收音机的组装与调试

一、收音机分类

电波在收音机天线中产生的感应电流非常微弱，必须经过足够的放大，才能使扬声器发声。通常，根据收音机所用三极管的数量不同，分别称为单管收音机（使用 1 只晶体管）、六管收音机（使用 6 只晶体管）等。

对天线收到的信号先作高频放大，然后送去检波和低频放大，检波之前不改变信号的频率，这种收音机称为直接放大式收音机，它灵敏度低、选择性差、失真大。

如果对天线收到的信号先进行变频，即用本机振荡信号与天线收到的信号混频，产生差频信号，然后送去检波，这种收音机称为外差式收音机。

通常，为进一步提高收音机的灵敏度和选择性，在检波之前，设置中频放大，称这种收音机为超外差式收音机。

调幅六管超外差收音机是一种成熟技术电子产品，其组装、调试均较方便，性能稳定，收音质量较高。

二、工作原理

调幅六管超外差收音机的电路原理如图 13-5 所示，主要由输入调谐、变频、中频放大、检波、低频放大和功率放大等电路组成，其工作原理如下：

1）输入调谐电路：由 L_1、C_{1a}、C'_{1a} 组成。它的作用是从天线接收到的很多高频调幅信号中调谐选择出某一个电台信号。

2）变频电路：包括混频器和本机振荡两部分。VT_1 是变频管，T_2 为本机振荡线圈。变频电路的作用是把不同频率的信号变成载波为 465kHz 的中频调幅信号。

3）中频放大电路：由 VT_2 和其它元器件组成，对变频后的中频信号进行选择和放大。它对收音机的灵敏度和选择性有很大影响。

4）检波电路：由 VT_3 和其它元器件组成，其任务是从中频调幅信号中取出音频信号。

5）低频放大电路：由 VT_4 和其它元器件组成，其任务是对音频信号进行放大。

6）功率放大电路：由功率放大管 VT_5 和 VT_6 及其它元器件组成推挽乙类功率放大电路。它效率高、二次谐波失真小，可以推动扬声器发声。

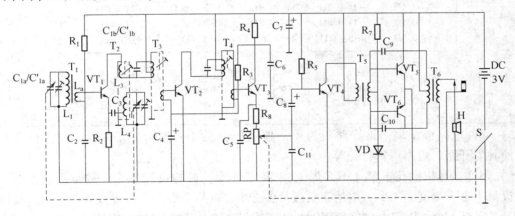

图 13-5　调幅六管超外差收音机电路原理图

综上所述，由天线 L 感应过来的高频调幅波，通过 L_1、C_{1a}、C'_{1a} 组成的谐振回路时，转动双连可变电容器 C 将该信号谐振在某频率上，通过 L_a 将感应得到的该频率高频调幅信号加到变频管 VT_1 的基极 b 和发射极 e 上，而线圈 L_3、C_{1b}、C'_{1b} 组成的本机振荡回路产生的本机振荡电压，通过 C_3 加到 VT_1 的基极与发射极上。L_4 为振荡回路的反馈线圈，产生维持振荡的反馈信号。两种不同频率的高频信号在 VT_1 中混频后产生几种新的频率，再经过中频变压器 T_3 的一次侧和所并电容器组成的选频电路，选择出中频信号 465kHz（中国规定的调幅广播收音机的中频频率）。它经过 T_3 二次侧耦合到 VT_2 进行中频放大，放大后的中频

信号由变压器 T_4 取出后耦合到检波晶体管 VT_3 进行检波，C_5 是将检波后的残余中频滤掉。检波后，中频信号变成音频信号，它在电位器 RP 上产生压降并通过 C_8 耦合到低频放大管 VT_4，放大后的音频信号经输入变压器 T_5 耦合到 VT_5、VT_6 组成的推挽乙类功率放大电路，最后通过输出变压器 T_6 推动扬声器 H 发出声音。

三、组装步骤

1. 清点、检测全部元器件并分类保管

1）电阻 8 个。$R_1 \sim R$ 的标称阻值依次为：91kΩ、2.7kΩ、150kΩ、30kΩ、91kΩ、100Ω、680Ω、510Ω。

2）电容器 12 个。C_1 为 CBM-223P 双连可变电容器；C_2、C_3、C_5、C_6 和 C_9、C_{10} 为瓷介电容，规格依次是：0.022、0.01、0.01、0.033、0.022、0.022；C_4、C_7 和 C_8 为电解电容，规格分别是：10、47 和 10；C_{11} 为涤纶电容，规格是 0.01。以上电容的单位为 μF。

3）三极管 6 个、二极管 1 个。三极管 $VT_1 \sim VT_4$ 的型号是：S9018；VT_5、VT_6 的型号是：9013S。二极管 VD 的型号是：1N4148。

4）其它元件 8 个，如表 13-1 所示。

表 13-1 调幅六管超外差式收音机所用的其它元件

代号	T_1	T_2	T_3	T_4	T_5	T_6	RP	H
名称	天线线圈	本振线圈（黑）	中频变压器（白）	中频变压器（绿）	输入变压器（黄）	输出变压器（黄）	带开关电位器	扬声器
规格	1-2：1Ω 3-4：6Ω	1-2：3.4Ω 1-3：0.1Ω 4-5：0.3Ω	1-2：0.2Ω 3-4：3.8Ω 4-5：1Ω	1-2：1Ω 3-4：3Ω 4-5：2.4Ω	1-2：180Ω 3-4：85Ω 4-5：85Ω	1-2：0.7Ω 3-4：6Ω 4-5：6Ω	5kΩ	8kΩ
图形符号								

5）印制电路板 1 块。该线路板为单面覆铜板，元件一侧印有元件代号。应检查和处理，使其无开路、短路、未打孔等。

6）附件：耳机插孔 1 个（不必焊上）、磁棒 1 个、磁棒支架 1 个、频率拨盘 1 个、电位器拨盘 1 个、刻度盘 1 个、电池正负极片各 2 个、前后盖各 1 个、导线 4 段；固定线路板用 M2×5 螺钉 1 个、固定电位器盘用 M1.6×4 螺钉 1 个、固定双连电容器用 M2.5×4 螺钉 2 个、固定频率盘用 M2.5×5 螺钉 1 个、黑色带环拎带 1 根。

2. 在线路板上焊接电阻

首先在线路板上插入一个中周（不要焊接，只作为安装高度的基准）。将电阻引线弯折成立式安装形状，插入相应线路板的孔中（从线路板的铜箔面伸出电阻引线），焊接在线路板上，并使电阻的高度不超过中周。焊完后要修剪元器件的引线，以高出线路板铜箔面 1~3mm 为好。最后检查焊点，不能有虚焊、漏焊和错焊。

3. 在线路板上焊接电容

将电容插入线路板对应位置的孔中，焊接在线路板上，并使其高度不超过中周，电解电容的极性应正确。最后进行焊后处理。

4. 在线路板上焊接三极管、二极管

将三极管和二极管的管脚引线插入线路板相应位置的孔中，型号、管脚、极性要正确，焊接在线路板上，并使它们的高度不超过中周。最后进行焊后处理。

5. 在线路板上焊接中周和变压器

中周和变压器的型号、线脚要正确，所有线脚都要焊牢。

6. 在线路板上焊接电位器

将电位器按在线路板上（不要按旋钮部分），焊牢。

7. 在线路板上焊接双连可变电容

将双连可变电容按在线路板上，焊牢。

8. 安装磁棒架、焊接天线线圈

将天线线圈的大小线圈焊接在线路板上，位置要正确。

9. 组装

将拨盘、扬声器、拎带、电池正负极片固定好。

四、调试步骤

当整机组装好后，须经检测和试听后，才能进行调试。

1. 直观检查

查看有无错焊、漏焊、虚焊、桥接、碰脚等。如有，及时排除。

2. 整机电阻的检测

将万用表置 $R×1k\Omega$ 挡，测电池正负接线片之间的阻值，正向测量应为 $5\sim7k\Omega$，反向测量应为 $27\sim30k\Omega$。如果不在此范围内，不得加电调试。

3. 试听

整机电阻测量无误后可装好旋钮，接通电源，转动调谐盘，接收电台信号（若台少或声音小，不能乱调中周、振荡变压器的磁心及双连的微调电容）。试听保持 20min 以上，让各元器件度过最初使用期。在此期间，观察元器件有无发热、冒烟、收听异常等现象。如果用手摸天线也能正常换台，说明装配无误。

4. 调试

必须在能收到电台广播，且能换台的前提下，才能调试。

超外差式收音机的调试一般分三个步骤：调整中频频率、调整接受频率范围和统调。

（1）调整中频频率

使中频变压器的谐振频率准确地调谐在 465kHz 的频率上，这时收音机有最好的选择性、最高的灵敏度。方法是，先选择收听一个弱信号电台，把音量调到较小程度，再用无感一字旋具顺序调 T_4、T_3 中频变压器磁心，如图 13-6 所示，直到声音最大为止（注意：动作要轻、慢，上下稍微调一下即可）。调中频可以消除人体感应现象。如果用手摸天线对收听无影响，此步可免。

（2）调整接受频率范围

收音机中波段的频率范围是 525\~1605kHz，调整频率范围就是指调节双连可变电容器，使所接收的频率范围恰好调整在 525\~1605kHz 之内。方法是，首先在频率低端选择一个电

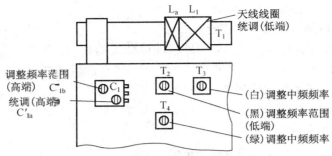

图 13-6　超外差收音机的调试元件

台，如中央电台第二套节目（630kHz），把双连电容器 C_1 调在指针为 630kHz 位置上，调节振荡线圈 T_2 的磁心，直到该电台声音最响为止。然后，在频率高端选择一个电台，如石家庄经济台（1431kHz）或河北经济二套（1125kHz），调节方法同上，只是这次调整的是微调电容 C'_{1b}，直到该电台声音最响为止。高端调整好后会影响低端，还要对低端再调整，反复数次即可调准。这一步可概括为：高端调本振回路微调电容，低端调振荡线圈磁心。调整的目的是校准高低端电台，使其落在刻度上。

（3）统调

即调整灵敏度，也就是要准确调整固定的中频 465kHz，该频率调整越准，下一级的中频放大级得到的放大量越大。方法是，在频率低端选一个电台，然后移动磁性天线 T_1 在磁棒上的位置，使声音最大为止。然后在频率高端选一个电台，调节输入回路微调电容 C_{1a}，使声音最大为止。同样，高低端调整互有影响，所以要反复调整几次，使之达到最佳状态。最终消除高低端的弱信号。

第三节　电工技术基础

企业里从事电气线路安装、测试、维修与保障的工作人员称为电工。电工利用工具、仪表及电工材料将有关的电器安装在一起，组成各种电路，如照明电路、机床控制电路等。

一、常用材料和工具及仪表

1. 常用电工材料

常用电工材料包括：绝缘材料、导电材料、磁性材料、线管等。

2. 常用电工工具

（1）电笔

电笔分高压和低压两种，高压用电笔通常叫验电笔，低压用电笔又称测电笔。测电笔又分钢笔式和旋具式两种，其形状和结构如图 13-7 所示。电笔是用来检验导线、导体、电器和电气设备外壳是否带电的一种常用工具，其检测电压范围为 60～500V（指带电体与大地的电位差）。正确使用电笔的方法是手指应接触电笔尾部的金属体，使氖管小窗背光朝向自己。当用电笔测试带电体时，电流经带电体、电笔、人体到大地形成回路。只要带电体和大地之间的电位差超过 60V，电笔中的氖管就会发光。

图 13-7　测电笔的形状与结构
1—绝缘套管；2—笔尾的金属体；3—弹簧；
4—小窗；5—笔身；6—氖管；7—电阻；8—笔尖的金属体

（2）旋具、钢丝钳、尖嘴钳、斜嘴钳、剥线钳

1）旋具：是一种紧固或拆卸螺钉的工具，俗称为螺丝刀。按头部形状不同可分为一字旋具和十字旋具两种。通常，旋具尾部装有绝缘材料制成的、摩擦力较大的手柄。为避免旋具的金属杆触及皮肤、触及邻近带电体，应在金属杆上穿套绝缘管。工作时，手不可触及旋具的金属杆。

2）钢丝钳：是电工操作的主要工具，常用规格有 150mm、175mm 和 200mm 三种。使用前，必须检查绝缘柄的绝缘是否良好，以免带电作业时发生触电事故。剪断带电导线时，不得用钢丝钳的钳口同时剪不同的两根相线或一根相线和一根零线。

3）尖嘴钳：头部尖细，适用于在狭小的工作空间操作，能夹持较小的螺钉、垫圈、导线等元件，能将单股导线弯成一定圆弧的接线连接圈。一般尖嘴钳的钳口较小，用于剪断细小的金属丝。

4）斜嘴钳：又称断线钳，专门用于剪断较细的金属丝、线材及电线电缆等。

5）剥线钳：用于剥离较小直径导线绝缘层的专用工具，由钳头和钳柄（手柄）两部分组成。它的钳柄装有绝缘套，耐压为 500V。

（3）电工刀

电工刀是用来剖削电线线头、切割木台缺口、削制木制品的专用工具。使用时，应将刀口向外剖削。剖削导线绝缘层时，应使刀面与导线呈较小的锐角，以免割伤导线。电工刀刀柄无绝缘保护，不能在带电导线或元器件上操作。

（4）登高板、脚扣、保险带与腰带

登高板和脚扣是电工用于攀登电线杆及在电线杆上作业的工具。登高板又称三角板，它由铁钩、麻绳、木板组成。脚扣也称铁脚，它可分两种：一种在扣环口制有铁齿，供登木制电线杆用；另一种在扣环上裹有防滑胶套，供登混凝土电线杆用。为保证电线杆上作业人体平衡，使用登高板时，两脚应夹住电线杆。登电线杆前，应检查扎扣是否牢固可靠。保险带与腰带是在电线杆上登高操作时，确保安全的必备用品。

3. 常用电工仪表

（1）万用表

万用表也称万能表，一般用来测量交流电压、直流电压、直流电流和电阻等。有些万用表还可测量音频功率、电感、电容及三极管的直流放大系数等。使用时，转换开关的位置应选择正确。若误用电流挡或电阻挡测电压，轻则烧毁表内元件，重则撞弯表针、烧毁表头。选择量程时也要适当，测量时最好使表针在量程的 1/2～2/3 内，以保证读数较为准确。当测量线路中某一电阻时，线路必须与电源断开，不能在带电的情况下测量电阻值，否则会烧坏万用表。

（2）兆欧表

兆欧表又叫摇表，用来测量大电阻值和绝缘电阻值。它的计量单位是兆欧，用"MΩ"符号表示。

测量额定电压在 500V 以下的设备或线路的绝缘电阻时，应选用 500V 或 1000V 摇表；测量额定电压在 500V 以上的设备或线路的绝缘电阻时，应选用 1000~2500V 摇表。测量低压电器设备绝缘电阻时，应选用 0~200MΩ 量程的摇表，测量高压电器设备或电缆时，应选用 0~2000MΩ 量程的摇表。

二、照明线路与安全用电

1. 白炽灯照明线路

白炽灯俗称灯泡，由灯丝、玻璃壳和灯头三部分组成。灯丝一般都是用钨丝制成的，当钨丝通过电流时，将使灯丝发热至白炽而发光。功率在 40W 以下的灯泡，将玻璃壳内抽成真空；功率为 40W 及以上的灯泡，在玻璃壳内部充有氩气或氮气，使钨丝不易挥发。灯头有插口式和螺口式两种。功率在 300W 以上的灯泡，一般采用螺口式灯头，使电接触和散热都更好。灯泡的工作电压有：6V、12V、24V、36V、110V、220V 等多种，其中 36V 以下的属低压安全灯泡。灯泡使用时，应注意灯泡的工作电压与线路电压必须一致。

照明线路通常由电源、导线、开关及负载（灯泡）等四部分组成。白炽灯使用可靠，价格低廉，其线路简单，安装和维修都较方便。

2. 荧光灯照明线路

荧光灯又称日光灯，其照明线路由灯管、起辉器、镇流器和灯座灯脚等组成。灯管由玻璃管、灯丝和灯丝引脚等组成。玻璃管内抽成真空后充入稀薄的氩和微量水银蒸气，管壁涂有荧光粉，在灯丝上涂有电子粉。常用灯管规格有 6W、8W、12W、15W、20W、30W 和 40W 等。

起辉器由氖泡、纸介电容、出线脚和外壳等组成。镇流器主要由铁心和线圈等组成。镇流器的功率必须与灯管功率相符。灯架有木制和铁制两种，规格应配合灯管的长度。灯座有开启式和弹簧式（也称插入式）两种。灯座规格有大型和小型两种，大型适用 15W 以上灯管。

3. 安全用电知识

（1）触电对人体的伤害

触电对人体的伤害分电击与电伤两类。电流通过人体内部，对人体内脏及神经系统造成破坏直至死亡，称为电击。电流通过人体外部表皮造成局部伤害，称为电伤。但在触电事故中，电击和电伤常会同时发生。触电对人的伤害程度取决于通过人体的电流大小和时间，只要有 100mA 的电流通过人体 3s，就可能使心脏和呼吸停止。

（2）人体电阻

通过人体的电流大小取决于触电时的电压和人体的电阻。一个正常人的皮肤因出汗等原因会使电阻值从干燥时的 10~100kΩ 下降到 800Ω 左右。如果这时人体触及电压为 220V 的电源，流过人体的电流为：$I=U/R=220V/800Ω=0.275A$，这样大的电流足以威胁人的生命安全。

（3）安全电压

由于触电时电压对人体的危害性较大，为了保障人的生命安全，使触电者能够自行脱离电源，因此规定了安全操作电压。

电压分为高低两种，500V 以上的电压称为高压，500V 以下的电压称为低压。我国规定低于 50V 的电压称为安全电压，常用的安全电压是 36V 和 24V，绝对安全电压是 12V。人手及身体常接触的设备，按规定应使用安全电压，如机床照明、锅炉的检修照明等。

（4）触电的原因、形式及预防

触电的原因主要有：线路架设不合规格，采用一线一地制的违章线路架设；用电设备不符合要求，电工操作制度不严格或不健全；用电不谨慎，违反布线规程；乱拉电线等。另外，使用不慎也会造成触电。

触电的形式分为单相触电、两相触电、跨步电压触电、高压电弧触电等。

为防止触电，应牢记"安全第一"的工作方针，加强防止触电的技术措施，各种电气设备应建立定期的检查制度，不符合安全要求的应及时处理。停电检修时，要悬挂"禁止合闸，有人工作"的警告牌，并应有专人监视。

（5）触电的急救

发生触电事故后，千万不要惊慌失措，必须用最快的速度使触电者脱离电源。需要注意：当触电者未脱离电源前，其本身就是带电体，同样会使抢救者触电。

脱离电源最有效的措施是拉闸或拔出电源插头，如果一时找不到或在来不及找的情况下可用绝缘物（如带绝缘柄的工具、木棒、塑料管等）移开或切断电源线。关键是：一要快；二不使自己触电。一两秒的迟缓都可能造成无可挽救的后果。

脱离电源后如果患者呼吸、心跳尚存，应尽快送医院抢救；若心跳停止应采用人工心脏挤压法维持血液循环；若呼吸停止应立即做口对口的人工呼吸；若心跳、呼吸全停，则应同时采用上述两个方法，并向医院告急求救。

三、低压电器

电器的种类繁多，按供电电压的高低不同可分为高压电器和低压电器两大类。低压电器通常是指额定电压低于交流 1000V 或直流 1500V 的电器。按在电气线路中的地位和作用不同，低压电器可分为：低压控制电器（如交流接触器、继电器等）和低压配电电器（如刀开关、熔断器、转换开关、自动开关等）。

1. 交流接触器

交流接触器主要是由电磁线圈、"山"字形静（动）铁心、三副动合主触头、二副动合辅助

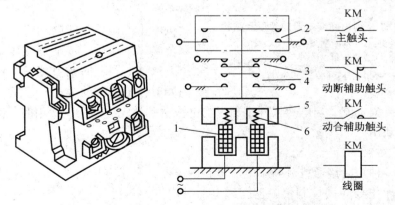

图 13-8　CJ10 系列接触器的外形和工作原理
1—线圈；2—动合主触头；3—动断辅助触头；4—动合辅助触头；5—动铁心；6—弹簧

触头和二副动断辅助触头等部分构成。常用的 CJ10 系列接触器的外形和工作原理如图 13-8 所示。当线圈 1 加上额定电压后产生电磁力，吸引动铁心 5 下降，从而带动三副动合主触头 2 闭合、二副动断辅助触头 3 断开、二副动合辅助触头 4 闭合。主触头闭合便接通电动机主电路，使电动机运行。辅助触头接在控制电路中，控制其通断。当线圈断电时，在弹簧 6 的作用下动铁心 5 恢复到原始位置，各触头也恢复原始状态。

2. 继电器

继电器是根据一定的信号（如电压、电流等）来接通或分断小电流电路和电器的控制元件。继电器一般不是用来直接控制主电路的，而是通过接触器或其它电器来对主电路进行控制的。因此，同接触器相比较，继电器的触头断流容量较小，一般不需要灭弧装置，但对继电器动作的准确性要求较高。

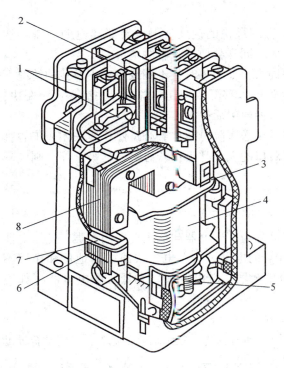

图 13-9 中间继电器的外形及结构如图 13-9 所示。中间继电器一般用来控制各种电磁线圈使信号得到放大，或将信号同时传给几个控制元件。

在获得动作信号后（如线圈接通或断开电源）触头经过一定的时间才闭合或断开的继电器，称为时间继电器。常用的时间继电器有：空气阻尼式、电动式与电子式时间继电器。在电动机控制线路中常用的是空气阻尼式时间继电器。

热继电器的用途是作为电动机的过载保护。其内部的双金属片是由两层热膨胀系数不同的金属焊合而成，电阻丝包围在双金属片外面作为电热元件，串联在电动机的两根电源线中。当电动机的电流超过允许值时，双金属片受热，由于右边一层金属膨胀系数小，左边一层大，所以就向右弯曲，使常闭触头断开，从而切断接触器线圈的电源，电动机停止工作。要使电动机再次起动，须待双金属片冷却后，按下复位按钮，或自动复位。热继电器上的调节旋钮，可在规定范围内调节整定电流的大小。整定电流是指长期

图 13-9 JZ7 系列中间继电器的外形及结构
1—动合触头；2—动断触头；3—复位弹簧；
4—线圈；5—反作用弹簧；6—静铁心；
7—短路环；8—动铁心

工作不动作的最大电流。当电热元件中通过的电流达到整定电流的 1.2 倍时，热继电器应当在 20min 之内动作。

3. 主令开关

按钮，是一种短时接通或分断小电流电路的电器，它不直接控制主电路的通断，而在控制电路中发出"指令"去控制接触器、继电器等电器，再由它们去控制主电路。按钮的型号很多，分若干系列。

行程开关，其作用与按钮相同，只是其触头的动作不是靠手按而是利用生产机械的某些

运动部件上的挡铁碰撞使行程开关触头动作，以接通或断开某些电路，达到一定控制要求的电器。

熔断器，是最常用的短路保护装置。除了一般常见的插入式熔断器外，控制线路中还采用螺旋式熔断器和管式熔断器。熔断器中主要部件为熔丝（或熔片），一般由易熔的合金制成。

第四节　机床控制线路

一、电气线路图

生产用机械设备的电气线路图，一般可分为电气原理图和电气接线图两种。

电气原理图（即电气控制线路图）是根据机械运动形式对电气系统要求绘出来的，是用来表示电动机和电器工作原理的。它不考虑电气设备和电器元件的实际结构和安装情况。图上的电气设备和电器元件都是用国家规定的图形符号和文字符号来表示的。这些图形符号表示的是电器和元件在无电压、无外力作用时的正常状态。图中多种电器的组成元件可以画在图中不同位置上，但凡属同一个电器的在图样上的拆散元件均用相同的文字符号与数字表示。

主电路是通过强电流的电路。它接电动机或其它用电设备。辅助电路是通过弱电流的电路。它包括控制电路、照明电路和信号指示电路等，是由各类继电器的线圈、触点及接触器的线圈、触头和按钮、限位开关的触点等组成。主电路一般绘在图纸左侧，辅助电路一般绘在主电路的右侧。

原理图能充分表达出电气设备和电器元件的用途、作用，为电气线路的安装、调试和检修提供依据。

电气接线图是根据电气设备和电器元件的实际安装位置绘制的。电气接线图是通过实验方法得到的。它用来指示电气设备及电器元件的位置、配线方式和接线方式及走向。

二、电动机控制

小型三相笼型异步电动机一般采用直接起动，分为单向旋转和双向旋转等控制。

1. 单向旋转控制线路

（1）开关控制线路

用开关直接控制三相电动机，其工作原理是：合上电源开关，电动机转动；断开开关，电动机停转。它适用于小容量、起动不频繁的场合。

（2）点动控制线路

如图13-10所示，其工作原理是：当电源开关 QS 合上以后，因接触器 KM 线圈未通电，主触点断开，电动机 M 不转；按下按钮 SB，控制电路接通，KM 线圈通电，主触点闭合，电动机运转；按钮松开时，线圈又断电，主触点又断开，电动机停转。

（3）连续控制线路

如图13-11所示，其工作原理是：合上电源开关 QS，按下起动按钮 SB_2 时，接触器 KM 线圈吸合，主电路接通，电动机 M 起动运行。同时，并联在起动按钮 SB_2 两端的接触器辅助动合触点 KM_2 也闭合，故即使松开按钮 SB_2，控制电路也不会断电，电动机仍能继续运行。按下停止按钮 SB₁ 时，KM 线圈断电，接触器主触点打开，切断主电路，电机停止转动，即使停止按钮复位，线圈也不可能通电。

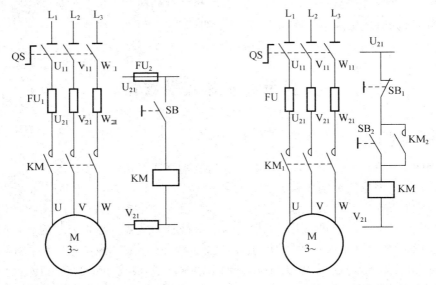

图 13-10　电动机点动控制线路　　　　图 13-11　电动机连续控制线路

2. 双向旋转控制线路

双向旋转控制线路又称正反转控制线路，可分为接触器联锁、按钮联锁及双重联锁正反转等控制。双重联锁正反转控制线路，是既有接触器电气联锁又有按钮联锁的双重联锁正反转控制线路，如图 13-12 所示。这种线路既能实现直接正反转的要求，又能保证可靠的互锁。

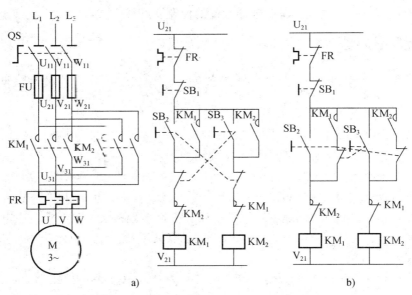

图 13-12　双重联锁正反转控制线路
a) 正转；b) 反转

复习思考题

1. 在使用电烙铁时应注意哪几点？

2. 测量电阻时应注意的事项是什么？

3. 在已焊好的收音机上测一个 103 电容时，其电阻并非无穷大，能否断定其已损坏？为什么？

4. 什么叫触电？电击伤人的程度与哪些因素有关？

5. 常见的触电方式和原因有哪几种？如何预防触电？

6. 试解释高压线上带电工作人员不会触电的原理。

7. 为什么民用电器和工厂电气设备都要求外壳接地或接零？

8. 有时开灯后，发现荧光灯管发红，但灯管不亮；或者是一会儿亮一会儿暗地闪烁，这一般是什么原因造成的？如何解决？

第十四章 3D 打印

3D 打印是基于离散-堆积原理，由零件三维数据模型驱动，采用材料逐层累加的方法制造实体零件的技术。相对于传统的"自上而下"去除材料的加工技术，3D 打印是一种"自下而上"的制造方法，所以又称增材制造。

3D 打印思想最早可以追溯到 19 世纪，J. E. Blanther 在专利中提出用堆叠系列蜡片的方法来制作三维地貌图的地图模型。1984 年 Charles W. Hull 完成了一个能自动制造零件的完整系统，称为光固化 3D 打印。此后，3D 打印技术逐渐发展、成熟，尤其是近 10 年来，新的技术和材料不断涌现，打印产品和应用领域越来越广泛。目前，3D 打印已在产品设计、材料制备和制造加工等领域带来了全面、深刻的变革，成为"第三次工业革命"的重要标志。3D 打印最大优势是无须刀具、模具即可实现产品的制造，减少了生产工序，缩短了产品制造周期，尤其适于结构复杂、原材料附加值高的产品单件小批量制造，在航空航天、兵器、医疗、能源动力、汽车、教育等领域具有广阔的应用前景。

第一节 3D 打印的基本原理

一、3D 打印的原理

3D 打印技术是基于离散-堆积原理的累加式打印，即将零件的三维数据模型，通过特定的数据格式存储转换并由专用软件对其进行分层处理，得到各层截面的二维轮廓信息，按照这些轮廓信息自动生成加工路径，在控制系统的控制下，层层累积打印材料，形成各个截面轮廓薄片，并逐步按顺序叠加成三维实体，最后进行适当的后处理，获得目标零件，如图 14-1 所示。

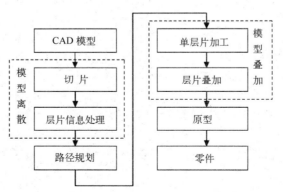

图 14-1 3D 打印离散和叠加过程

1. 模型分层切片

在将三维数据模型输出到 3D 打印机之前，需要对 CAD 模型进行分层切片，切成数百上千个薄层，这相当于高等数学里的微分操作，如图 14-2a 到图 14-2b 所示。

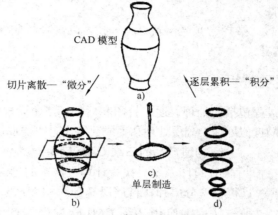

图 14-2　3D 分层切片叠加原理

传统的"去材加工"机床是在做"减法"，通过车、铣、磨等工艺将不需要的地方去掉，但这就存在着"伸不进、够不着"的问题，因此在加工复杂形状的产品时非常困难，而且切削下来的材料也被浪费了，降低了材料的利用率和生产效率。

2. 叠加

将描述这些薄层的数字化文件输入到打印机，3D 打印机逐层打印出来，相当于高等数学里的积分操作，直到将整个形状叠加打印，如图 14-2d 到图 14-2a 所示。

将传统的工件"减材"加工法，分解为用一层层的小毛坯逐步叠加成大工件的"增材"加工法，将复杂的三维加工分解成简单的二维加工的组合。首先，制造过程中不需要刀具、模具，所需工装、夹具大幅度减少；其次，制造出传统工艺方法难以加工，甚至无法加工的复杂结构；最后，材料利用率和生产效率大幅度提高。

二、3D 打印的特点

相较于传统的加工制造方法，3D 打印主要有以下几个特点：

1. 快速性

从 CAD 设计到零件制成，一般只需几个小时至几十个小时，大幅度缩短了零件制造周期，尤其适合于新产品开发，快速单件及小批量零件或进行复杂形状零件制造、外形设计与检验、装配检验等。

2. 自由性

首先，可以根据零件的形状，无须专用工具的限制而自由地成形，可以大大缩短新产品的试制时间。其次，不受零件形状复杂程度限制，制造成本基本与零件的复杂程度无关。

3. 高度柔性

仅需改变 CAD 模型，重新调整和设置参数即可生产出不同形状的零件。

4. 设计制造一体化

3D 打印由于采用了离散-堆积的加工工艺，使得 CAD 和 CAM 能够很好地结合。

5. 打印材料的广泛性

目前 3D 打印的对象已不仅限于树脂和塑料，还可以用于纸、石蜡、复合材料、金属材料和陶瓷材料的打印。

6. 技术的高度集成性

3D 打印技术是计算机、数控、激光、新材料等技术的综合集成，3D 技术打印的进步有赖于以上技术的进步和整合。

三、3D 打印的实现过程

3D 打印实现的基本过程包括前处理、逐层打印和后处理三个阶段，前处理又可以分为构造三维 CAD 模型、模型的近似处理、分层处理和生成数控代码四个步骤，如图 14-3 所示。

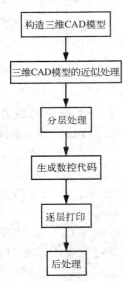

图 14-3　3D 打印实现过程示意图

1. 构造产品的三维 CAD 模型

3D 打印系统只接受计算机构造的三维 CAD 模型，然后才能进行模型分层和材料逐层叠加。构造产品的三维 CAD 模型有三种方法：①应用三维 CAD 软件根据产品要求设计三维模型；②将已有产品的二维图转成三维模型；③在产品仿制时，用扫描设备对已有产品进行扫描，通过数据重构得到三维模型（即反求工程）。

2. 三维模型的近似处理

由于产品上往往有一些不规则的自由曲面，加工前必须对其进行近似处理。最常用的方法是用一系列小三角形平面来逼近自由曲面。每个小三角形用三个顶点坐标和一个法向量来描述。三角形的大小是可以选择的，从而得到不同的曲面近似程度。经过上述近似处理的三维模型文件称为 STL 文件，它由一系列相连的空间三角形组成。

3. 三维模型的 Z 向离散化，即分层处理

将 CAD 模型根据有利于零件堆积制造的方位，沿成形高度方向（Z 方向）分成一系列具有一定厚度的薄片，提取截面的轮廓信息。层片之间间隔的大小按精度和生产率要求选定。间隔越小，精度越高，但成形时间越长。

4. 处理层片信息，生成数控代码

根据层片几何信息，生成层片加工代码，用于控制打印机的运动。

5. 逐层打印

在计算机的控制下，根据生成的数控指令，系统中的成形头（如激光扫描头或喷头）在 X-Y 平面内按截面轮廓进行扫描，固化液态树脂（或切割纸、烧结粉末材料、喷射热熔材料等），从而堆积出当前的一个层片，并将当前层与已叠加好的零件部分黏合。然后，工作台面下降一个层厚的距离，再堆积新的一层。如此反复进行直到整个零件加工完毕。

6. 后处理

对打印完成的工件进行处理，如深度固化、去除支撑、打磨、着色等，使之达到要求。

第二节　3D 打印的主要方法

自 20 世纪 80 年代诞生以来，3D 打印技术就在不断地更新、发展。目前已比较成熟、应用较广的代表性技术主要有：熔融沉积（Fused Deposition Manufacturing，FDM）3D 打印，光固化（Stereo Lithography Apparatus，SLA）3D 打印，选择性激光烧结（Selective Laser Sintering，SLS），激光近净成形（Laser Engineered Net Shaping，LENS），三维打印（Three Dimensional Printing and Gluing，3DPG，简称 3DP）和分层实体制造（Laminated Object Manufacturing，LOM）等。

一、熔融沉积 3D 打印工艺

熔融沉积又叫熔丝沉积，是将丝状的热熔性材料加热熔化，通过带有一个微细喷嘴的喷头挤喷出来。如果热熔性材料的温度始终稍高于固化温度，而打印部分的温度稍低于固化温度，就能保证热熔性材料挤喷出喷嘴后，随即与前一层面熔结在一起。一个层面沉积完成后，工作台按预定的增量下降一个层的厚度，再继续熔喷沉积，直至完成整个零件的打印。打印结束后，一般情况下只需剥除支撑即可，也可以打磨后进行上色，如图 14-4 所示。

（1）**熔融沉积 3D 打印工艺的主要优点**

1）系统结构简单，操作方便，设备和维护使用成本低，系统运行安全。

2）可采用水溶性支撑材料，简化了去除支撑的难度。

3）可实现工程塑料 ABS、聚乳酸 PLA、聚碳酸酯 PC、工程塑料 PPSF 等多种材料的打印。专门开发的针对医用的材料 ABS-i，具有良好的化学稳定性，可采用伽马射线及其它医用方式消毒。打印材料价格较低，常用的 ABS、PLA 材料价格每千克几十到几百元。

4）打印过程中无化学变化，制件的翘曲变形小。

5）原材料以卷的形式提供，易于搬运和快速更换。

（2）**熔融沉积 3D 打印工艺目前存在的主要问题**

1）产品的表面有较明显的条纹，打印精度较低。

2）层与层之间连接较弱，沿着 Z 轴方向强度较低。加上打印材料本身力学性能较低，因此难以作为结构件用于承力等重要场合。

3）需要设计和打印支撑结构，影响打印的效率和精度。

4）需要对整个截面进行扫描涂覆，打印时间较长，打印速度慢。

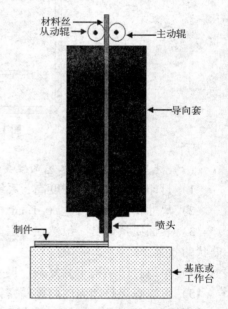

图 14-4　熔融沉积 3D 打印原理

二、光固化 3D 打印工艺

光固化 3D 打印技术，也称立体光刻。自从 1988 年 3D Systems 公司最早推出商品化 3D

打印机 SLA-250 以来，光固化技术已成为目前世界上研究最深入、技术最成熟、应用最广泛的一种 3D 打印技术方法。它以光敏树脂为原料，通过计算机控制紫外激光使其凝固成形。这种方法能简捷、全自动地制造出表面质量和尺寸精度较高、几何形状较复杂的产品。

如图 14-5 所示，液槽中盛满液态光敏树脂。氦-镉激光器或氩离子激光器发出的紫外激光束，在控制系统的控制下，按零件的各分层截面信息在光敏树脂表面进行逐点扫描，使被扫描区域的树脂薄层产生光聚合反应而固化，形成零件的一个薄层。一层固化完毕后，工作台下移一个层厚的距离，以使在原先固化好的树脂表面再敷上一层新的液态树脂，刮板将黏度较大的树脂液面刮平，然后进行下一层的扫描加工，新固化的一层牢固地黏结在前一层上，如此重复直至整个零件制造完毕。

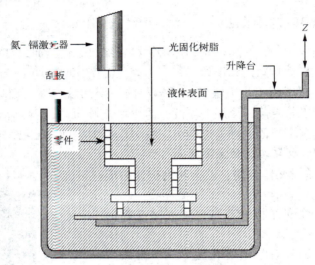

图 14-5 光固化 3D 打印原理

（1）光固化 3D 打印工艺的主要优点

1）打印过程自动化程度高，系统稳定。

2）尺寸精度高，可达 ±0.1mm。

3）表面质量优良。虽然在每层固化时侧面及曲面可能出现台阶，但上表面仍可得到玻璃状的效果。

4）可以打印结构十分复杂、尺寸比较精细的零件。

5）可以直接打印面向熔模精密铸造的具有中空结构的熔模。

6）打印的产品可以一定程度地替代塑料件。

（2）光固化 3D 打印工艺目前存在的主要问题

1）制件易变形。打印过程中材料发生物理和化学变化。

2）打印材料较脆，抗冲击和断裂性能尚不如常用的工业塑料。

3）设备运转及使用成本较高。液态树脂材料目前上千元每千克和激光器灯管寿命为数千小时。

4）可打印的材料种类较少，主要为对特定波长光敏感的液态树脂材料。

5）液态树脂有气味和毒性，打印时需要做好防护。保存时要避光，防止提前发生聚合反应。

6）一般打印完成的零件内部并未完全固化，还需要在专用的固化箱内二次固化。

三、选择性激光烧结工艺

选择性激光烧结又称选区激光烧结或粉末材料选择性激光烧结。1989 年由美国德克萨斯大学奥斯汀分校的 C. R. Dechard 提出，1992 年开发了基于 SLS 的商业打印机。SLS 工艺是利用粉末材料（金属粉末或非金属粉末），在激光照射下烧结，在计算机控制下层层堆积打印，如图 14-6 所示。

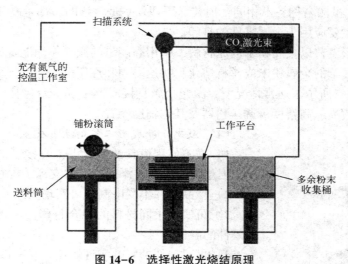

图 14-6　选择性激光烧结原理

打印时，首先在工作台上用铺料辊将一层粉末材料平铺在已成形零件的上表面，再将其加热至略低于熔点的温度，然后在计算机的控制下，激光束按照事先设定好的截面轮廓，在粉层上扫描，使粉末的温度升至熔点，进行烧结并与下面已成形的部分实现黏结。当一层截面烧结完后，工作台下降一个层的厚度，铺料辊又在上面铺上一层均匀密实的粉末，进行新一层截面的烧结，如此反复，直至完成整个零件。在打印过程中，未经烧结的粉末对模型的空腔和悬臂部分起着支撑作用，不必像 SLA 和 FDM 工艺那样另行生成支撑工艺结构。

（1）选择性激光烧结工艺的主要优点

1）可以打印石蜡、聚碳酸酯、尼龙、陶瓷多种材料，甚至是金属材料。理论上，任何加热后能够形成原子间黏结的粉末材料都可以作为选择性激光烧结的材料。

2）打印过程与零件复杂程度无关，无须支撑结构，且零件的强度较高。

3）材料利用率高，未烧结的粉末可回收。

（2）选择性激光烧结工艺目前存在的主要问题

1）打印产品结构疏松、多孔，且有内应力，产品易变形。

2）需要预热和冷却，降低了打印效率。

3）打印的陶瓷、金属工件表面粗糙多孔，加大了后处理的难度。

4）材料不易存储，且打印过程产生有毒气体及粉尘等，污染环境。

四、激光近净成形工艺

近净成形是指零件成形后，仅需少量加工或不再加工，就可用作机械构件的成形技术。激光近净成形通过激光在沉积区域产生熔池并持续熔化粉末或丝状材料而逐层沉积打印三维产品。该技术由美国桑迪亚国家实验室于20世纪90年代研制，随后在多个国际研究机构快速发展起来，并且被赋予了很多不同的名称，如美国洛斯阿拉莫斯国家实验室的直接激光制造（DLF），斯坦福大学的形状沉积制造（SDM），密西根大学的直接金属沉积（DMD），德国弗劳恩霍夫激光技术研究所的激光金属沉积（LMD），中国西北工业大学的激光立体成形技术（LSF）等。虽然名称各不相同，但技术原理几乎是一致的，都是基于同步送粉和激光熔覆技术。目前主要应用于金属零件的打印。

激光近净成形工艺以金属粉末为原材料，采用高能量的激光作为能量源，按照预定的加工路径，将同步送给的金属粉末或丝材熔化，快速凝固和逐层沉积，实现金属零件的直接制造，原理如图14-7所示。通常情况下，激光金属直接成形系统平台包括：激光器、数控工作台、同轴送粉喷嘴、高精度可调送粉器及其它辅助装置。

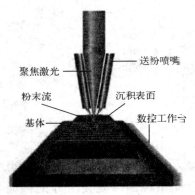

图14-7　激光近净成形原理

（1）激光近净成形工艺的主要优点

1）在不使用模具的情况下，直接制造复杂的金属结构件，但悬臂结构需要添加相应的支撑结构。

2）产品尺寸不受限制，可实现大尺寸零件的制造。

3）可实现不同材料的混合打印，实现非均质和梯度材料零件的制造。

4）可对损伤的零件实现快速修复和再制造。

5）产品金属组织致密均匀，具有良好的力学性能。

（2）激光近净成形工艺目前存在的主要问题

1）粉末材料利用率较低。

2）打印过程中热应力大，造成产品的变形甚至开裂，影响精度、力学性能和使用寿命。

3）受到激光光斑大小和工作台运动精度等因素的限制。目前打印产品的尺寸精度和表面粗糙度较差，往往需要经过后续的机加工才能满足使用要求。

五、三维打印工艺

三维打印，也称三维印刷，是以某种喷头作为成形源，在台面上作*XY*平面运动。其运动方式与喷墨打印机的打印头类似，所不同的是喷头喷出的不是传统喷墨打印机的墨水，而是黏结剂。基于3D打印技术的堆积建造方式，实现产品的打印。

与选择性激光烧结工艺相似，三维打印也是通过将粉末黏结成整体来打印工件，不同之处在于，它不是通过激光烧结的方式黏结，而是通过喷头喷出的黏结剂实现黏结。喷头在电脑控制下，按照模型截面的二维数据运行，选择性地在相应位置的粉末层上喷射黏结剂，最终构成一层。在每一层黏结完毕后，成形缸下降一个等于层厚度的距离，供粉缸上升一段高度，推出多余粉末，并由铺粉辊推到成形缸，铺平再被压实。如此循环，直至完成整个物体的打印，如图14-8所示。

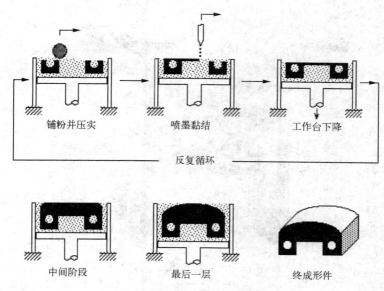

铺粉并压实　　　喷墨黏结　　　工作台下降

反复循环

中间阶段　　　最后一层　　　终成形件

图 14-8　三维打印原理

（1）三维打印技术的主要优点

1）打印速度快，且无须添加支撑。

2）技术原理与传统二维打印相似，可以借鉴很多二维打印的成熟技术和部件。

3）可以在黏结剂中添加墨盒以打印全彩色的产品。

（2）三维打印技术目前存在的主要问题

1）受黏结材料限制，产品强度低，一般只能作为测试模型，不能用做功能性试验。

2）打印产品的表面粗糙度和精度都不如光固化工艺。为使打印零件具备足够的强度和粗糙度，需要配合一系列的后处理工序。

3）所用的粉末生产技术比较复杂，价格昂贵。

六、分层实体制造工艺

分层实体制造是将特殊的薄膜材料黏结后，激光束（雕刻刀）按截面轮廓扫描切割，得到零件的一个薄层，这样层层黏结，层层切割，最后去掉多余的部分，获得三维实体，如图 14-9所示。

打印时根据三维 CAD 模型每个截面的轮廓线，在计算机控制下，发出控制激光切割系统的指令，使切割头作 X 和 Y 方向的移动。供料机构将底面涂有热溶胶的薄膜材料（如涂覆纸、涂覆陶瓷薄膜、金属薄膜、塑料薄膜等）一段段地送至工作台的上方。激光切割系统按照计算机提取的横截面轮廓用二氧化碳激光束割出轮廓线，并将无轮廓区切割成小碎片。然后，由热压机构将一层层薄膜材料压紧并黏合在一起。在每层打印完成之后，降低一个层厚，以便送进、黏合和切割新的一层材料。最后打印出由许多小废料块包围的三维实体产品。

（1）分层实体制造技术的主要优点

1）打印速度较快。由于只需使用激光束沿物体的轮廓进行切割，无须扫描整个截面，所以打印速度很快，因而常用于加工内部结构简单的大型零件。

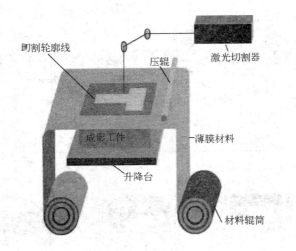

图 14-9 分层实体制造原理

2）产品精度高，翘曲变形小，无须设计和打印支撑结构。

3）废料易剥离，元须后固化处理。

4）原材料价格便宜，打印成本低。

（2）分层实体制造技术目前存在的主要问题

1）材料利用率较低。

2）产品的抗拉强度和弹性不好。

3）纸质产品易吸湿膨胀，因此，打印完成后应尽快进行表面防潮处理。

4）产品表面有台阶纹理。打印完成后需进行表面打磨，难以构建形状精细、多曲面的产品。

第三节 熔融沉积 3D 打印实例

从图 14-3 的 3D 打印实现过程可以看出，3D 打印主要包括前处理、打印和后处理三个阶段。前处理主要完成三维 CAD 建模、三维模型的近似处理、分层处理和生成数控代码。目前建模一般通过专业的建模软件实现，近似处理在建模完成后生成 STL 文件时完成，打印机软件系统主要集成了分层处理和生成数控代码的功能。下面以太尔时代 UP-2 型 3D 打印机打印某起重机零件为例，说明熔融沉积 3D 打印的打印过程。三维 CAD 模型根据二维图纸在三维实体设计软件 SolidWorks 2012 中构建，输出为 STL 格式的文件。

一、启动程序，或入 3D 模型

1. 启动程序

点击桌面上的图标，启动 UP！程序。

2. 导入模型

点击菜单中文件/打开或者工具栏中"打开"按钮，导入打印模型，如图 14-10 所示。

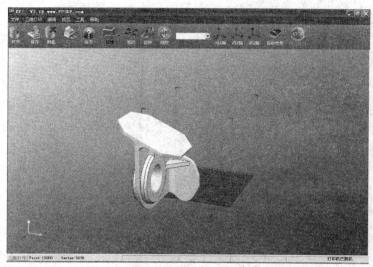

图 14-10　载入模型

3. 编辑模型视图

用鼠标点击菜单栏"编辑"选项或点击菜单栏下方的相应视图按钮，可以通过不同的方式观察目标模型。

1）旋转：按住鼠标中键，移动鼠标，视图会旋转，可以从不同的角度观察模型。

2）移动：同时按住 Ctrl 和鼠标中键，移动鼠标，可以将视图平移，也可以用箭头键平移视图。

3）缩放：旋转鼠标滚轮，视图就会随之放大或缩小。

4）视图：该系统有 8 个预设的标准视图存储于工具栏的视图选项中。

4. 模型的移动、旋转和缩放

1）移动模型：点击移动按钮，选择或者在文本框里输入要移动的距离，然后选择要移动的坐标轴。每点击一次坐标轴按钮，模型都会重新移动。按住 Ctrl 键，即可将模型放置于指定位置。

例如：沿着 Z 轴方向向上或者向下移动 5mm。

操作步骤：①点击移动按钮。②在文本框里输入-5。③点击"沿 Z 轴"。

2）旋转模型：点击工具栏上的旋转按钮，在文本框中选择或者输入旋转的角度（正数是逆时针旋转，负数是顺时针旋转），再选择按照某个轴旋转，如图 14-11 所示。

例如：将模型沿着 Y 轴方向旋转30°。

操作步骤：①点击旋转按钮。②在文本框中输入 30。③点击"沿 Y 轴"。

3）缩放模型：当导入模型大于打印机打印范围时，可以点击缩放按钮，在工具栏中选择或者输入一个比例，然后再次点击缩放按钮缩放模型，如图 14-12 所示。

4）模型的摆放：将模型放置于平台的适当位置，有助于提高打印的质量。实际操作中应尽量将模型放置在平台的中央。模型的摆放有三种形式：

①自动布局：点击工具栏最右边的自动布局按钮，软件会自动调整模型在平台上的位置。

②手动布局：点击 Ctrl 键，同时用鼠标左键选择目标模型，移动鼠标，拖动模型到指定

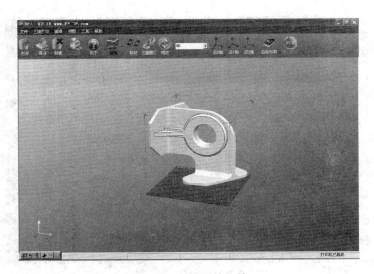

图 14-11　模型的旋转

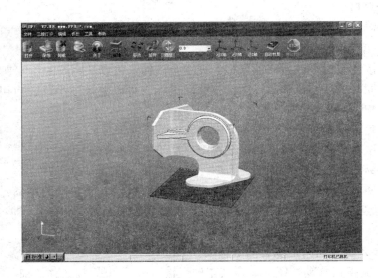

图 14-12　模型的缩放

位置。

　　③使用移动按钮：点击工具栏上的移动按钮，选择或在文本框中输入距离数值，然后选择要移动的方向轴。

二、设置打印参数，准备打印

1. 初始化打印机

　　在打印之前，点击"三维打印"菜单下面的初始化选项，当打印机发出蜂鸣声，初始化即开始。打印喷头和打印平台将再次返回到打印机的初始位置，当准备好后将再次发出蜂鸣声。

2. 打印参数设置

点击软件"三维打印"选项内的"设置",设置打印参数,如图 14-13 所示。

1)层片厚度选项:根据模型的不同,设定打印层厚。一般每层厚度设定为 0.2 ~ 0.4mm。层片厚度越小,打印精度越高,打印时间也越长。

2)填充选项:UP!系统提供了四种方式填充内部支撑,分别为密实填充、网格结构填充、中空网格结构填充和大间距的网格结构填充,如图 14-14 所示。

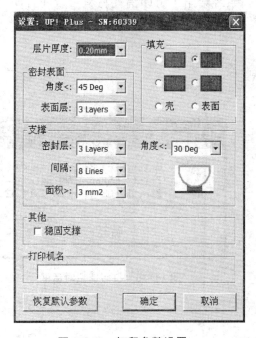

图 14-13　打印参数设置

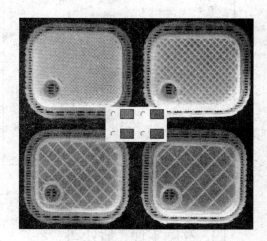

图 14-14　内部支撑结构

3)支撑选项:

①密封层:为避免模型主要部分凹陷入支撑网格内,在贴近主材料被支撑的部分要制作数层密封层,而具体层数可在支撑密封层选项内进行选择(可选范围为 2~6 层,系统默认为 3 层)。

②角度:判定添加支撑的角度。当模型表面与水平面夹角小于设定角度,系统自动添加支撑。设定角度越大,添加的支撑面积也越大。支撑角度的选择要综合考虑打印质量、打印效率和移除支撑的难易程度。

③间隔:支撑材料线与线之间的距离。间距越小,支撑越密。

④面积:需要填充的表面的最小面积。例如,当选择 $5mm^2$ 时,悬空部分面积小于 $5mm^2$ 时不会添加支撑。

三、零件的打印

(1) 打印前准备

1)控制电脑连接 3D 打印机,并已初始化机器。

2）载入 CAD 模型并将其放在适当的位置。

3）检查剩余材料是否足够打印此零件。

（2）预热

点击 3D 打印菜单的预热按钮，打印机开始对平台加热，在温度达到 100℃ 时则可打印。

（3）打印

点击 3D 打印的打印按钮，在打印对话框中选择打印质量，如图 14-15 所示。

点击确定开始打印，弹出打印信息对话框，系统给出了打印消耗材料重量和打印时间，如图 14-16 所示。

图 14-15　选择打印质量

图 14-16　打印信息对话框

四、移除零件，后处理

1. 移除零件

当零件完成打印时，打印机会发出蜂鸣声，喷嘴和打印平台会停止加热。在零件下面用铲刀来回慢慢撬松来移动零件，如图 14-17 所示。

图 14-17　零件的移除

2. 去除支撑材料

支撑材料和工具都很锋利，使用尖嘴钳去除支撑材料应注意佩戴手套和防护眼罩。去除支撑过程如图 14-18 所示。

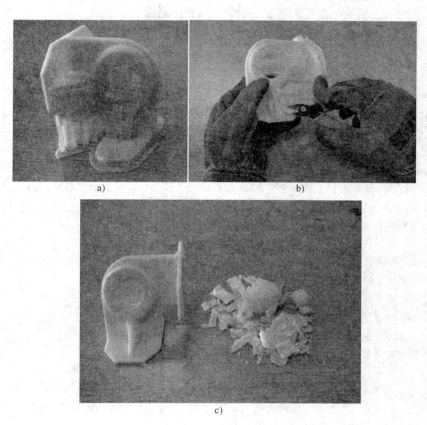

a) b)

c)

图 14-18 去除支撑材料步骤

a）去除前；b）去除中；c）去除后

最后，还可以用砂纸打磨、填补液处理等方法修补零件上台阶效应比较明显的地方，用丙酮溶液对零件进行抛光处理，提高打印零件的精度和表面粗糙度。

熔融沉积 3D 打印时，要根据打印模型的形状、尺寸特点，合理设计摆放位置、分层厚度、填充类型和支撑角度等打印参数，综合考虑打印效率和打印精度的平衡，避免错层、翘曲、开裂等缺陷的产生。

复习思考题

1. 什么是 3D 打印？
2. 3D 打印的方法有哪些？
3. 3D 打印的原理是什么？
4. 3D 打印的特点是什么？
5. 3D 打印有哪些优缺点？

参 考 文 献

[1] 刘群山，张忠诚. 基础工业生产技术 [M]. 北京：兵器工业出版社，2015.

[2] 张忠诚，李志永，魏胜辉. 工程实训教程 [M]. 北京：兵器工业出版社，2014.

[3] 刘群山，张双杰，周增宾. 基础工业实训教程 [M]. 北京：兵器工业出版社，2014.

[4] 张双杰，李志永. 金属工艺学 [M]. 北京：兵器工业出版社，2010.

[5] 傅水根. 现代工程技术训练 [M]. 北京：高等教育出版社，2006.

[6] 刘烈元，刘兆祥. 工程材料及机械制造基础（Ⅲ）[M]. 北京：高等教育出版社，2006.

[7] 刘胜青，陈金水. 工程训练 [M]. 北京：高等教育出版社，2005.

[8] 张学政. 金属工艺学实习教材 [M]. 北京：高等教育出版社，2003.

[9] 孙以安，等. 金工实习 [M]. 北京：机械工业出版社，1999.

[10] 王荣声，陈玉琨. 工程材料及机械制造基础（实习教材）[M]. 北京：机械工业出版社，1998.

[11] 袁嘉祥. 金属工艺学实习教材 [M]. 重庆：重庆大学出版社，1998.

[12] 李卓英，等. 金工实习教程 [M]. 北京：北京理工大学出版社，1995.

[13] 毛志康，谢树正，等. 金属加工实习教材 [M]. 北京：航天工业出版社，1995.

[14] 倪为国，吴振勇. 金属工艺学实习教材 [M]. 天津：天津大学出版社，1994.

[15] 赵月望. 机械制造技术实践 [M]. 北京：机械工业出版社，1993.